水产养殖用药减量行动系列丛书

# 水产养殖病原菌
# 耐药性风险与防控

全国水产技术推广总站　编

U0395260

中国农业出版社
北　京

# 丛书编委会

**主　编**　崔利锋

**副主编**　刘忠松　于秀娟　陈学洲　冯东岳

**编　委**（按姓氏笔画排序）

丁雪燕　王　飞　王　波　王金环

邓玉婷　邓红兵　艾晓辉　田建忠

刘胜敏　李　斌　李爱华　沈锦玉

宋晨光　张朝晖　陈　艳　胡　鲲

战文斌　姜　兰　贾　丽　黄树庆

康建平　蒋　军　鲁义善

水产养殖用药减量行动系列丛书

# 本书编委会

**主　编**　刘忠松　冯东岳

**副主编**　胡　鲲　曹海鹏

**参　编**（按姓氏笔画排序）

　　　　王祖峰　吴　斌　宋晨光　陈　艳

　　　　陈学洲　黄宣运

# 丛书序

为贯彻落实新发展理念，推进水产养殖业绿色高质量发展，2019年，经国务院同意，农业农村部会同国家发展改革委等10部委联合印发了《关于加快推进水产养殖业绿色发展的若干意见》（以下简称《意见》），提出了新时期推进水产养殖业绿色发展的目标任务和具体举措。这是新中国成立以来第一个经国务院同意、专门针对水产养殖业的指导意见，是当前和今后一个时期指导我国水产养殖业绿色发展的纲领性文件，对水产养殖业转型升级和绿色高质量发展具有重大而深远的意义。

为贯彻落实《意见》部署要求，大力发展生态健康的水产养殖业，2020年，农业农村部启动实施了水产绿色健康养殖"五大行动"，包括大力推广生态健康养殖模式，稳步推进水产养殖尾水治理，持续促进水产养殖用药减量，积极探索配合饲料替代幼杂鱼，因地制宜试验推广水产新品种等五个方面，并将其作为今后一段时期水产技术推广重点工作持续加以推进。其中，水产养殖用药减量行动要求坚持"以防为主、防治结合"的基本原则，大力推广应用疫苗免疫和生态防控等技术，加快推进水产养殖用药减量化、生产标准化、环境清洁化。围绕应用生态养殖模式、选择优良品种、加强疫病防控、指导规范用药和强化生产管理等措施，打造一批用药减量、产品优质、操作简单、适宜推广的水产养殖用药减量技术模式，发掘并大力推广"零用药"绿色养殖技术模式，因地制宜地组织示范、推广应用。

为有效指导各地深入实施水产养殖用药减量行动，促进提升水产品质量安全水平，我们组织编写了这套《水产养殖用药减量行动系列丛书》，涉及渔药科普知识、水产养殖病原菌耐药性防控、水产品质量安全管理等多方面内容。丛书在编写上注重理念与技术结合、模式与案例并举，力求从理念到行动、从技术手段到实施效果，使"水产养殖减量用药"理念深入人心、成为共识，并助力从业者掌握科学用药原理与技术，确保"从养殖到餐桌"的水产品质量安全，既为百姓提供优质、安全、绿色、生态的水产品，又还百姓清水绿岸、鱼翔浅底的秀丽景色。

期待本套丛书的出版，为推动我国早日由水产养殖业大国向水产养殖业强国转变做出积极贡献。

丛书编委会

2020 年 9 月

# 前　言

　　我国是水产养殖大国，也是渔药生产和使用大国。水产养殖病原菌耐药性风险事关公共卫生安全和环境保护，近年来已成为政府、公众和媒体关注的重点。在"绿水青山就是金山银山"和水产养殖业绿色发展的新形势下，充分认识和控制水产养殖病原菌耐药性风险对保护环境、促进水产养殖业转型升级、提质增效具有重要的意义。

　　目前，我国水产养殖病原菌耐药性监测开展的时间不长，基础数据和理论严重缺失，评价的技术手段还较为单一，标准化程度不够，导致防控水产养殖病原菌耐药性风险缺乏科学的指导，远远不能满足环境保护和水产养殖业绿色发展的需要。针对我国水产养殖的特点，加强水产养殖病原菌耐药性风险基础理论研究，科学评估和控制水产养殖病原菌耐药性风险，对保障公共卫生安全，促进水产养殖业持续、稳定、健康发展具有重要的意义。

　　近年来，以政府主管部门牵头，相关高校、科研院所和企业所组成的团队聚焦水产养殖病原菌耐药性研究，从水产养殖病原菌耐药性风险评价方法、水产养殖病原菌耐药性形成机制、水产养殖病原菌耐药性风险控制技术等方面开展了系统的研究，积累了一批原创性技术成果和推广应用经验，为从技术上解决长期困扰公共卫生安全和水产养殖产业发展的耐药性风险难题奠定了基础。

　　为了全面落实国家卫生健康委等 14 部门联合制定并发布的《遏制细菌耐药国家行动计划（2016—2020 年）》《全国遏制动物源细菌耐药行动计划（2017—2020 年）》和《2019 年全国水产养殖用药减量行动方案》等文件的要求，总结在水产养殖病原菌耐药性方面所积累的经验和成果，农业农村部渔业渔政管理局、全国水产技术推广总站、上海海洋大学研究团队共同编写了本书。

　　本书在理念、结构及撰写方式上，与传统的专著有较大的不同。第一，全书从已有的成果中进行提炼和加工，在内容上既借鉴人医和兽医等领域病原菌耐药性相关研究成果，又注重我国水产养殖相关政策要求，比如重点针对国家允许使用的渔药以及主要淡水、海水水产养殖病原菌耐药性开展论述。第二，在内容上基于理论基础对实践应用的指导，突出了主要水产养殖病原菌对于国标渔药的耐药性产生机理等内容。第三，突出了实践和创新，提出了利用中草药防控水产养殖病原菌耐药性的工作思路。第四，在"一带一路"倡议背景下，强调通过积极的水产养殖病原菌耐药性风险防控策略，占领产业对外出口贸易的技术制高点。

　　本书的编写和整理得到了郑瑞州等人的协助，在此表示感谢。由于现有的资料有限，加上编者水平和时间的限制，本书疏忽、错漏之处在所难免，敬请广大读者批评指正。

编　者
2020 年 8 月

# 目 录

# 第一章 水产养殖病原菌耐药性风险的基本知识

## 第一节 耐药性与超级细菌的基本概念

### 一、耐药性的概念

耐药性又称抗药性，渔药的耐药是指微生物、寄生虫等病原生物多次或长期与渔药接触后，它们对渔药的敏感性会逐渐降低甚至消失，致使渔药对它们不能产生抑制或杀灭作用。

耐药性根据其发生原因可分为天然耐药性和获得耐药性。天然耐药性指自然界中的病原体（如细菌的某一株）存在天然耐药性。获得耐药性是当长期应用抗生素时，占多数的敏感菌株不断被杀灭，耐药菌株就大量繁殖，代替敏感菌株，从而使细菌对该种药物的耐药率不断升高。目前认为后一种方式是产生耐药菌的主要原因。

根据耐药程度不同，可将获得耐药分为相对耐药及绝对耐药。相对耐药是由于在一定时间内最小抑菌浓度（minimum inhibitory concentration，MIC）逐渐升高，其发生率随抗菌药物的敏感性折点标准不同而异；而绝对耐药则是由于突变或 MIC 逐步增加，即使药物浓度高亦不具有抗菌活性。

临床上又根据抗菌药物发生耐药的可能性分为两类：高耐药可能性药物及低或无耐药可能性药物。高耐药可能性药物临床上应限制使用；低或无耐药可能性药物临床上可不限制使用。

交叉耐药即耐药菌对一种抗生素耐药，同时也会对其他相同或不同种类的抗生素耐药。

## 二、超级细菌

超级细菌是一个医学术语，不是特指某一种细菌，而是泛指那些对多种抗生素具有耐药性的细菌，它的准确称呼应该是"多重耐药性细菌"。这类细菌对抗生素有强大的抵抗作用，能逃避被杀灭的危险。

常见的超级细菌主要有耐甲氧西林金黄色葡萄球菌（methicillin resistant *Staphylococcus aureus*，MRSA）、耐多药肺炎链球菌（multi drug resistant *Streptococcus pneumoniae*，MDRSP）、耐万古霉素肠球菌（vancomycin resistant *Enterococus*，VRE）、产超广谱 β-内酰胺酶细菌（extended-spectrum β-lactamases，ESBLs）、碳青霉烯酶肺炎克雷伯菌（*Klebsiella pneumoniae* carbapenemase，KPS）、多重耐药鲍曼不动杆菌（multi-drug-resistane *Acinetobacter baumannii*，MDRAB）、多重耐药结核杆菌（multiple-drug resistant tuberculosis，MDR-TB）和多重耐药铜绿假单胞菌（multiple-drug resistant *Pseudomonas aeruginosa*，MDR-PA）及携带有"新德里-金属-β-内酰胺酶-1"（new Delhi metallo-β-lactamase-1，NDM-1）的新型超级细菌等。目前，危害最严重的就是携带有 NDM-1 的新型超级细菌，因为它的活性部位是金属离子，首先在印度新德里被发现，并因此得名，它能水解几乎所有含 β-内酰胺环结构的抗生素，主要存在于大多数细菌的 DNA 和质粒中，从而使细菌产生广泛的耐药性。

基因突变是产生超级细菌的根本原因。超级细菌的耐药性可在不同菌属之间水平传播（通过质粒、转座子和噬菌体等），并且可携带一种或多种抗性基因。目前，受认可的关于 NDM-1 超级细菌的耐药机制主要为：首先 NDM-1 第 34～37 位氨基酸残基形成一段能够识别、结合和催化水解底物的独特环区，这也是 NDM-1 具有广谱抗生素抗性的原因；其次活性中心开放、与底物结合、释放时能够产生重排现象。NDM-1 和 MCR-1（mobile colistin resistance-1，MCR-1）可以同时存在于同一个细菌中的不同质粒上，且可以一起转移。

　　长期以来，细菌的耐药性并未引起足够的重视，医生们相信现有药物对付耐药菌已经是绰绰有余。比如对天然青霉素耐药的金黄色葡萄球菌（*Staphyloccocus aureus*），可以应用氨苄青霉素；当氨苄青霉素无效时，还可以换用头孢菌素；甚至于对头孢菌素耐药的耐甲氧西林金黄色葡萄球菌（MRSA），人们还有最后一道防线——万古霉素。但是在 1992 年，美国首次发现了可对万古霉素产生耐药性的耐甲氧西林金黄色葡萄球菌（MRSA），这几乎将医生逼到无药可用的尴尬境地。超级细菌的可怕之处并不在于它对人的杀伤力，而是它对普通杀菌药物——抗生素的抵抗能力，对这种病菌，人们几乎无药可用。

## 第二节　耐药性的产生及发现

### 一、抗生素的发现应用

　　抗生素是由微生物（包括细菌、真菌、放线菌属）或高等动植物在生活过程中所产生的具有抗病原体或其他活性的一类次级代谢产物，能干扰其他生活细胞发育功能的化学物质。目前临床上常用的抗生素有转基因工程菌培养液提取物以及用化学方法合成或半合成的化合物。20 世纪 90 年代以后，科学家将抗生素的范围扩大，统称为生物药物素，主要用于治疗各种细菌感染或致病微生物感染类疾病。

　　1670 年前后，列文虎克用自制的显微镜发现了微生物，这是人类第一次看到细菌。1877 年，法国微生物学家、化学家路易斯·巴斯德发现在动物体内注射土壤细菌能够治愈它们患的炭疽病——一种致命的感染性疾病，这对于微生物的研究是一个突破性的进展。1928 年，英国科学家亚历山大·弗莱明观察到点青霉能破坏葡萄球菌群，他意识到培养皿中产生的某种物质杀死了葡萄球菌，后来这种物质被命名为“盘尼西林”（青霉素）。1941 年，科学家霍华德·佛罗里和欧内斯特·钱恩将青霉素用于临床治疗。

## 二、抗生素的"黄金时代"

青霉素被发现和广泛使用后，人类对细菌性感染的治疗进入黄金时代。20 世纪 40 年代，青霉素作为第一种应用于临床的抗生素，成功解决了临床上金黄色葡萄球菌感染这一难题。随后问世的大环内酯类、氨基苷类抗生素又使肺炎、肺结核的死亡率降低了80%。当时曾有人断言：人类战胜细菌的时代已经到来。

20 世纪 50 年代至 70 年代，是抗生素开发的黄金时代，新上市的抗生素逐年增多，1971—1975 年达到顶峰，5 年间共有 52 种新抗生素问世。

## 三、病原菌如何"反击"抗生素

但是，事实并不像人们想象的那样美好，许多抗生素在应用多年后出现了不同程度的药效减低，天然青霉素在控制金黄色葡萄球菌感染方面几乎已失去药用价值。医学家在研究这一现象后惊讶地发现，在和抗生素接触多次后，细菌已进化出一整套有效的耐药机制，耐药菌这个暗中隐藏的敌人正在逐渐强大起来（表 1-1）。

表 1-1　部分抗生素应用于临床时间及出现耐药时间

| 药物种类 | 临床应用时间 | 出现耐药时间 |
| --- | --- | --- |
| 青霉素 | 1941 年 | 1945 年 |
| 链霉素 | 1947 年 | 1947 年 |
| 四环素 | 1952 年 | 1956 年 |
| 甲氧西林 | 1959 年 | 1961 年 |
| 庆大霉素 | 1967 年 | 1970 年 |
| 头孢噻吩 | 1964 年 | 1966 年 |

在被称为抗生素"黄金时代"的 20 世纪 50—60 年代，全世界每年死于感染性疾病的人数约为 700 万，而这一数字到了 1999 年上升到 2 000 万。在号称"世界上科技最发达的国家"的美国，

1982—1992 年间死于传染性疾病的人数上升了 40％，死于败血症的人数上升了 89％。造成病死率升高的主要原因是耐药菌带来的用药困难。

病原菌可以通过基因突变、基因转移、质粒改变这三种途径产生变异，以抵抗周围环境或是药物的威胁。基因突变是指决定细菌特征的 DNA 发生了变化；基因转移是指变异后 DNA 片段能够在不同细菌之间直接传递；质粒改变是一种最出人意料的方式，质粒是细胞内的一种环状的小分子 DNA，只有在专业的光学显微镜下才能观察到，质粒可以在细菌内自我复制和变异，还可以在不同种之间传递，最终导致细菌对大量药物的耐药性。

### 四、耐药病原菌的生物学和流行病学特征

耐药病原菌具有以下生物学和流行病学特征：

1. 耐药病原菌与相应敏感病原菌在分子水平上有明显差异，具体体现在代谢水平、超微结构和亚结构上。

2. 新的耐药类型总是伴随新的药物的应用而出现。一般来说，耐药病原菌的出现稍迟于药物的应用，与病原菌的种类以及药物的品种、剂量、给药途径和使用频率等因素有关。

3. 耐药病原菌的分布具有区域性差异，这种差异可能很显著。

4. 多重耐药性病原菌逐渐增多。

5. 由于抗菌药物的选择作用，病原菌的耐药程度不断提高。

6. 耐药性逆转的速度非常缓慢。

### 五、病原菌耐药性的特点

病原菌对抗菌药物的耐药性可通过三条途径产生，即基因突变、抗药性质粒的转移和生理适应性。以基因突变为例，耐药性的产生具有以下特点：

**1. 不对应性** 药物的存在不是耐药性产生的原因，而是淘汰

原有非突变型（敏感型）菌株的动力。

**2. 自发性**　即可在非人为诱变因素的情况下发生。

**3. 稀有性**　以极低的频率发生（$10^{-8}\sim10^{-6}$）。

**4. 独立性**　对不同药物的耐药性突变的产生是随机的。

**5. 诱变性**　某些诱变剂可以提高耐药性突变的概率。

**6. 稳定性**　获得的耐药性可稳定遗传。

**7. 可逆性**　耐药性菌株可能发生回复突变而失去耐药性。

### 六、病原菌耐药性的产生类型

病原菌耐药性的产生的主要有以下类型：

**1. 产生灭活酶细菌**　通过产生破坏或改变抗生素结构的酶，如β-内酰胺酶、氨基苷类钝化酶和氯霉素乙酰转移酶，使抗生素失去或降低活性。抗生素由于被革兰氏阳性菌（如金黄色葡萄球菌）所产生的青霉素酶或革兰氏阴性菌所产生的β-内酰胺酶水解或结合，而不易与细菌体内的核蛋白体结合。

**2. 膜通透性的改变**　细菌的胞浆膜或细胞壁有屏障作用，能阻止某些抗菌药物进入菌体，包括降低细菌细胞壁通透性和主动外排两种机制，以阻止抗生素进入细菌或将抗生素快速泵出。鼠伤寒杆菌因缺乏微孔蛋白通道，对多种抗生素相对耐药。敏感菌的微孔蛋白量减少或关闭时，能对大分子及疏水性化合物的穿透形成有效屏障，可转为耐药。

**3. 药物作用靶位的改变**　抗生素可专一性地与细菌细胞内膜上的靶位点结合，干扰细菌壁肽聚糖合成而导致细菌死亡。β-内酰胺类抗生素的作用靶位能同青霉素共价结合（称为青霉素结合蛋白，PBP）。PBP具有酶活性，参与细菌细胞壁的合成，细菌可改变靶位酶，使其不为抗生素所作用，另外还可复制或产生新的靶位而获得对某抗生素的耐药性。

**4. 改变代谢途径**　对磺胺类药物耐药的菌株，可产生较多的对氨苯甲酸或二氢叶酸合成酶，或直接利用外源性叶酸。

有的耐药菌存在两种或多种耐药机制。一般说，耐药菌只发生在少数细菌中，难于与占优势的敏感菌竞争，只有当敏感菌因抗菌药物的选择性作用而被抑制或杀灭后，耐药菌才得以大量繁殖，继发各种感染。因此，细菌耐药性的发生、发展是抗菌药物的应用，尤其是抗菌药物滥用引发的后果。

## 第三节 水产养殖病原菌耐药性的风险及其控制

### 一、水产养殖病原菌的耐药性

著名微生物学家、诺贝尔奖获得者 Toshua Lederberg 曾说过："我们正生活在与微生物、细菌和病毒进化竞争之中，而人类未必是赢家。"自 1940 年 Ernst Boris Chain 等首次发现耐青霉素因子 β-内酰胺酶之后，各种耐药菌相继被发现。随着医学科学技术水平的提高和新的抗菌类药物不断面世，人类仿佛看到了战胜病原菌的曙光，但是全球性抗微生物药物的大量应用和滥用促使耐药菌株不断增加。除此之外，病原菌本身的不断变异、人体菌群的失调、二重感染以及抗菌药物的毒副作用，这些问题的存在，给公共卫生安全带来了严重的隐患。

病原菌耐药性已经成为全球面临的问题，且越来越严重。耐药性问题被认为是严重困扰现代农业发展的"3R"问题（即"抗性""再增猖獗"和"残留"）之一。水产养殖过程中的水环境是水产动物病原菌耐药性传播的重要渠道，然而遗憾的是，长期以来我国对水产养殖动物病原菌耐药性问题的认识远远落后于水产养殖业的迅猛发展，直到近年来人们才逐渐意识到水产动物病原菌耐药性问题直接关系到"水产品健康养殖"和"公共卫生安全"。养殖过程中长期使用抗菌药物造成的水产动物病原菌耐药性危害和风险逐步为全社会所认同。

包括嗜水气单胞菌（*Aeromonas hydrophila*）、溶藻弧菌（*Vibrio alginolyticus*）、哈维弧菌（*Vibrio harveyi*）等在内的主要水产养殖病原菌均被发现对主要抗菌药物具有较强的耐药性。

## 二、水产养殖病原菌耐药性风险的特点及其控制难度

相对于人类和陆生动物，水产动物病原菌耐药性风险具有自身的特点和更大的控制难度，主要体现在：

1. 水产动物病原菌的耐药性可随着水产养殖品传播给人，由于目前专用兽药极少，许多渔用药物由人药或畜禽用兽药转化而来，由此造成人类公共卫生安全和食品安全的隐患巨大；

2. 水域环境是水产养殖业发展的载体和平台，水体的流动性和巨大的跨区域运输能力增加了水产养殖病原菌耐药性风险的不确定性，增加了其风险监测和控制的难度；

3. 用药是防治水产养殖动物病害的最重要的手段，特别是在我国水产品消费和对外出口贸易潜力巨大、养殖产业转型升级的背景下，绿色发展是水产养殖业发展的主题，水产动物病原菌的耐药性往往造成生产实践中病害防治"无药可用"的局面，水产养殖耐药性风险被认为是制约产业发展的最重要的因素之一；

4. 我国水产养殖动物品种众多、区域性强、模式多样性高及水产养殖病原菌耐药性基础数据较为匮乏等因素，均为病原菌耐药性风险控制增加了难度。

## 三、控制水产养殖病原菌耐药性风险的原则

**1. 改变水产养殖生产模式，减少疾病的发生** 传统水产养殖模式养殖密度高，发生流行性疾病风险大，为了预防和治疗疾病，化学药物的使用量巨大。因此，改变传统养殖模式，践行绿色发展理念，加强健康养殖管理，是降低耐药性风险的最基本的措施。

**2. 提高药物的使用效率，避免药物滥用** 从诊断技术入手，提高疾病的诊断准确性和效率，精准、减量用药，针对病原菌提高药物的使用效率。

**3. 提高或改进药物投喂技术** 由于水产养殖用药的特殊性，优化药物的投喂技术，可以有效减少药物使用量，最大限度降低对环境的影响，降低耐药性风险。

**4. 定期监测病原菌耐药性的变化** 监测和评估病原菌耐药谱的变化及传播状况，积累、掌握和分析耐药性数据，是防范耐药性风险的基础。

**5. 开发研制新的抗菌药物和有效的疫苗** 病原菌耐药性风险会通过食物链传播到人体内并不断积累，最终危害人类自身的健康。开发水产专用药物和有效的疫苗能够最大限度地避免以上风险。

# 第二章　水产养殖病原菌对抗菌药物的耐药机制

## 第一节　主要水产养殖病原菌

目前，水产养殖病原菌耐药性以病原性细菌为主。主要的水产养殖病原性细菌如下：

### 一、链球菌属

链球菌属（*Streptococcus*）细菌为革兰氏阳性球菌。链球菌可适应较大范围的盐度，可感染淡水和海水鱼类。链球菌具有多种毒力因子，重要的有溶血素、胞外酶类等，其中溶血素对于菌株的致病力最为重要。按照溶血特性可将溶血素分为 α、β、γ 三种类型，其中 β 溶血素溶血能力最强。链球菌可引起鱼类局部感染和全身性败血症。首例鱼类链球菌病发现于 20 世纪 50 年代，80 年代后鱼类链球菌病害成为养殖鱼类的重要细菌性疾病，可引起罗非鱼、鲑鳟类等鱼类的多种疾病，特别在海水养殖鱼类的细菌性疾病中占有重要的地位。

该菌在自然界分布广泛，存在于水中以及动物体表、消化道、呼吸道等处，有些是非致病菌，构成动物的正常菌群。目前本属细菌已发现 30 多种，其中引起鱼类疾病的主要有海豚链球菌（*S. iniae*）、无乳链球菌（*S. agalactiae*）等种类。

**1. 海豚链球菌**　海豚链球菌（*S. iniae*）属链球菌科、链球菌属。海豚链球菌主要分布在温带和热带养殖的温水鱼类中，对多种海水鱼类、淡水鱼类都具有致病性。有 22 种野生或养殖鱼类（如罗非鱼、虹鳟、鲷科鱼类、石斑鱼等）可以感染海豚链球菌。海豚链球菌对链霉素、丁胺卡那霉素、萘啶酸、多黏菌素 E 具有耐药性，但对庆大霉素、氨苄青霉素等敏感。

**2. 无乳链球菌** 无乳链球菌（*S. agalactiae*）属链球菌科、链球菌属。无乳链球菌对土霉素、喹诺酮类、阿莫西林、克拉维酸、青霉素、四环素、利福平、磺胺类、红霉素、万古霉素等许多抗生素都敏感。从鱼类中分离出的无乳链球菌对杆菌肽素、庆大霉素、链霉素、新生霉素等的敏感性是各不相同的。

## 二、弧菌属

弧菌属（*Vibrio*）细菌为革兰氏阴性短杆菌，有运动能力，有极端单鞭毛。弧菌属最适盐度为 10 左右，溶藻弧菌甚至可耐 7％～10％的氯化钠溶液。弧菌可在强选择性的 TCBS 培养基上生长。该属目前明确定名的已经达 30 余种，可引起人类、陆生动物及水生动物的各类疾病。对于水生动物危害最为严重的种类有鳗弧菌（*V. anguillarum*）、溶藻弧菌、哈维弧菌、副溶血弧菌（*V. parahaemolyticus*）、拟态弧菌（*V. mimicus*）等，其中副溶血弧菌由于还可引起人类的疾病，在公共卫生方面具有重要性。

**1. 鳗弧菌** 鳗弧菌引起的水产养殖动物疾病在世界范围内流行，可感染鲑、虹鳟、鳗鲡、香鱼、鲈、鳕、大菱鲆、牙鲆、大黄鱼等，但不同鱼种的易感性有所差异。

**2. 溶藻弧菌** 溶藻弧菌，与副溶血弧菌的生化特性相似。溶藻弧菌在海水环境中普遍存在，是海水养殖动物的主要病原细菌。

**3. 哈维弧菌** 哈维弧菌能够感染多种海洋脊椎动物和无脊椎动物。

**4. 副溶血弧菌** 副溶血弧菌，是一种人畜共患病菌，主要存在于近海岸的海水、海底沉积物以及鱼、虾、贝等海产品中，是引起食源性疾病的主要病原之一，常感染海鲷、九孔鲍、斑节对虾、牙鲆及文蛤等水产动物。

**5. 创伤弧菌** 创伤弧菌（*V. vulnificus*）与霍乱弧菌、副溶血弧菌同属致病性弧菌，可通过损伤的创口、食用污染的海产品或水源而引起感染，也是水产养殖动物的病原细菌和引起人兽共患病的重要病原菌。

### 三、气单胞菌属

气单胞菌属（*Aeromonas*）是一类革兰氏阴性菌，呈直杆状、球杆状或丝状，菌体两端钝圆，无荚膜，无芽孢，绝大多数有极端单鞭毛，动力阳性，但杀鲑气单胞菌和中间气单胞菌动力阴性。气单胞菌属细菌广泛分布于自然界，可从水源、土壤以及人的粪便中分离。本属细菌有的种可引起人类腹泻等多种感染。作为水产养殖动物病害的病原，常见的有嗜水气单胞菌、温和气单胞菌（*A. sobria*）、豚鼠气单胞菌（*A. cavaie*）、杀鲑气单胞菌（*A. salmonnicida*）等种类。

**1. 嗜水气单胞菌**　嗜水气单胞菌是淡水、污水、淤泥及土壤中的常见细菌，也是引起淡水养殖动物病害的主要病原菌，如引起鱼类细菌性败血症。

**2. 温和气单胞菌**　温和气单胞菌对新生霉素不敏感。温和气单胞菌是危害我国淡水养殖业的重要病原菌之一，能引起鱼类、爬行类、两栖类等冷血动物的出血性败血症，还是重要的人畜共患病的病原菌。

**3. 豚鼠气单胞菌**　通常认为豚鼠气单胞菌是条件致病菌，广泛分布于水体、池底淤泥及健康鱼体肠道中，主要危害草鱼、青鱼，危害鲤的情况也有少量发生。

**4. 杀鲑气单胞菌**　目前杀鲑气单胞菌有 4 个亚种：①杀鲑气单胞菌杀鲑亚种（*A. salmonnicida* subsp. *salmonicida*），是最早从虹鳟中分离鉴定的亚种，可产生棕色色素，发酵葡萄糖产气；②无色亚种（*A. salmonnicida* subsp. *achromogenes*），从河鳟中分离，菌落无色，但菌落周围琼脂可呈淡褐色，发酵葡萄糖不产气；③日本鲑亚种（*A. salmonnicida* subsp. *masoucida*），从马苏大麻哈鱼中分离，菌落无色，也不产生色素，不发酵葡萄糖；④杀鲑气单胞菌新亚种（*A. salmonnicida* subsp. *nova*），分离自患红皮炎的鲤，不产生色素，需要氧化血红素作为其生长因子，对氨苄青霉素有抵抗力（对青霉素敏感）。

### 四、假单胞菌属

假单胞菌属（*Pseudomonas*）是一类革兰氏阴性短杆菌。目前在海水、淡水养殖鱼类疾病病原中发现的假单胞菌主要有荧光假单胞菌（*P. putida*）、鳗败血假单胞菌（*P. anguilliseptica*）和恶臭假单胞菌（*P. putida*）。假单胞菌种类繁多，广泛分布于土壤、水、动植物体表及各种蛋白质食品中，许多致病性假单胞菌通常被认为是条件致病菌。它们可感染世界各地温水性或冷水性海水、淡水鱼类，且对各种鱼龄期的鱼均可致病。

**1. 荧光假单胞菌** 荧光假单胞菌广泛分布于土壤、水、动植物体表及各种蛋白质食品中，世界各地的温水性和冷水性的海水、淡水鱼中都可能发生假单胞菌病，养殖的真鲷、黑鲷、鲻、梭鱼、牙鲆、鲈、石斑鱼等均已发现有此病。

**2. 鳗败血假单胞菌** 鳗败血假单胞菌主要危害日本鳗鲡，欧洲鳗鲡很少发病。在淡水中不易生存，1d 内即可死亡，在海水和稀释海水中可存活 200d 以上。分离的病原菌对香鱼、泥鳅、太阳鱼亦有致病性，对鲤、鲫、银鲫等敏感性较低。

**3. 恶臭假单胞菌** 恶臭假单胞菌能引起海水、淡水养殖鱼类的疾病。

### 五、肠杆菌科及相关属

肠杆菌科（Enterobacteriaceae）细菌是一大群生物学性状近似的革兰氏阴性杆菌。肠杆菌科细菌分布广，宿主范围大（人、动物、植物都有寄生或共生、附生、腐生），也可在土壤或水中生存，与人类关系密切。该科种类繁多，有埃希菌属、志贺菌属、沙门氏菌属、克雷伯菌属、变形杆菌属、摩根菌属、枸橼酸菌属、肠杆菌属等，与水产动物病害有关的种类主要有爱德华菌属、耶尔森菌属等。

**1. 迟缓爱德华菌** 迟缓爱德华菌（*Edwardsiella tarda*）属肠杆菌科、爱德华菌属，是鱼类爱德华菌病（Edwardsiellosis）的病原菌。1962 年日本细菌学家保科发现这种病原菌。迟缓爱德华菌的宿主十分广泛，可引起鱼类、两栖类、爬行类及人类的疾病。

**2. 鲇爱德华菌** 鲇爱德华菌（*E. ictaluri*）属肠杆菌科、爱德华菌属，主要引起细菌性败血症，该病于 1976 年在美国亚拉巴马州和佐治亚州的河中首次发现。目前鲇爱德华菌是养殖业危害最大的传染病病原菌之一。

鲇爱德华菌与迟缓爱德华菌是爱德华菌属内两种最常见的鱼类致病菌。根据生化特征容易将鲇爱德华菌与迟缓爱德华菌区别开来。鲇爱德华菌在吲哚与甲基红试验中为阴性，在 TSI（三糖铁）培养基上不产生 $H_2S$，而迟缓爱德华菌的以上生化特征均为阳性。

**3. 鲁氏耶尔森菌** 鲁氏耶尔森菌（*Yersinia ruckeri*）属肠杆菌科、耶尔森菌属，是鲑科鱼类红嘴病（red mouth）[也称肠炎红嘴病（enteric red mouth，ERM）] 的病原菌。此病最早于 1952 年在美国发现，现在已流行于澳大利亚、南非和西欧等地。1966 年，由 Rucker 和 Ross 从发病的虹鳟分离到该病原菌。

基于全菌抗血清与菌体凝集的血清分型，发现了 8 个不同的鲁氏耶尔森菌流行菌株的血清型，其中Ⅰ血清型（最早分离的菌株）占 50％以上，为优势血清型。鲁氏耶尔森菌是虹鳟及其他精养池鲑科鱼类的主要病原菌。

## 六、黄杆菌科及相关属

黄杆菌科（Flavobacteriaceae）细菌是一群无运动能力的革兰氏阴性杆菌，无芽孢，氧化酶阳性，触酶阳性。在水产养殖动物病害的病原中，较常见的有屈桡杆菌属、伊丽莎白菌属等。

**1. 柱状屈桡杆菌** 柱状屈桡杆菌（*Flexibacter colummare*）属黄杆菌科、黄杆菌属，可通过水体传播，主要危害对象为草鱼，可引起细菌性烂鳃病。带菌鱼是该病的主要传染源，被病原菌污染的水体、塘泥等也可成为重要的传染源。

**2. 海生曲桡杆菌** 海生曲桡杆菌（*F. maritimus*）属黄杆菌科、黄杆菌属，是海水鱼类滑动细菌病（gliding bacterial disease）的病原菌；主要侵染真鲷、黑鲷、鲈等海水养殖鱼类，以引起溃疡等为主要症状。

**3. 脑膜炎败血伊丽莎白菌** 脑膜炎败血伊丽莎白菌（*Elizabethkingia meningoseptica*）属黄杆菌科、伊丽莎白菌属。该菌可感染牛蛙、美国青蛙、虎纹蛙等多种养殖蛙类，也可感染鳖、猫、犬、鼠和人。病蛙以眼膜发白、运动和平衡机能失调为特征。

### 七、其他致病细菌

**1. 诺卡氏菌属——诺卡氏菌** 诺卡氏菌（*Nocardia seriolea*）属放线菌目、诺卡氏菌科、诺卡氏菌属。乌鳢、大口鲈、大黄鱼和海鲈等养殖鱼类易感染诺卡氏菌。

**2. 诺卡氏菌属——星形诺卡氏菌** 星形诺卡氏菌属放线菌目、诺卡氏菌科、诺卡氏菌属，引起虹鳟、河鳟、大口鲈等鱼类的诺卡氏菌病。

**3. 分支杆菌属——海分支杆菌** 海分支杆菌（*Mycobacterium marinum*）属放线菌目、分支杆菌科、分支杆菌属；在自然界分布广泛，是人类与多种动物的病原菌，侵害鱼类、两栖类、爬行类等；对动物的致病性主要为引起结核病症状，是一种人兽共患病原细菌。

# 第二节 水产抗菌药物及其作用

## 一、水产抗菌药物分类和作用

根据来源不同，水产抗菌药物包括抗生素和化学合成抗菌药物。

**1. 抗生素** 指由生物体（包括细菌、真菌、动物、植物等）在生命活动过程中产生的一种次生代谢产物或其人工衍生物，它们能在极低浓度时抑制或影响其他生物的生命活动，是一种最重要的化学治疗剂。抗生素的种类很多，其作用机制和抑菌谱各异。自 20 世纪 40 年代至今，人类已经寻找到 9 000 多种抗生素，合成过 70 000 多种半合成抗生素，但到目前为止，农业农村部批准生产和使用的水产养殖用抗生素仅有四种。按化学结构性质的差异，可将水产养殖用抗生素分为氨基糖苷类、四环素类、酰胺醇类等。

**2. 化学合成抗菌药物**

（1）磺胺类药物　指具有对氨基苯磺酰胺结构的一类药物。磺胺类药物通过干扰细菌的酶系统对氨基苯甲酸（Para-amino benzoic，PABA）的利用而发挥抑菌作用，PABA 是细菌生长必需物质叶酸的组成部分。自 20 世纪 30 年代证明了磺胺类药物的基本结构后，人类相继合成了各种磺胺类药物，特别是甲氧苄啶和二甲氧苄啶等抗菌增效剂的发现，使磺胺类药物的应用更为普遍。由于抗菌谱广、价格低廉，目前磺胺类药物仍是包括水产养殖业在内的养殖业中最常用的抗菌剂之一。

（2）喹诺酮类药物　指化学合成的含有 4-喹酮母核的一类抗菌药物，其通过抑制细菌 DNA 螺旋酶（拓扑异构酶Ⅱ）而达到抑菌的效果。由于具有抗菌谱广、抗菌活性强、给药方便、与常用抗菌药物无交叉耐药性等特点，喹诺酮类药物是水产动物病害防治中使用最广泛的药物。其中，恩诺沙星是目前应用最广的一种畜禽和水产用喹诺酮类抗菌药物。

**二、水产抗菌药物的作用机制**

抗菌药物主要是影响病原菌的结构和干扰其代谢过程而发挥抗菌作用。其作用机理一般可分为以下几种类型。

**1. 抑制细菌细胞壁的合成**　大多数细菌细胞的细胞膜外有一坚韧的细胞壁，主要由黏肽组成，具有维持细胞形状及保持菌体内渗透压的功能。细胞壁黏肽的合成分为胞浆内、胞浆膜与胞浆外三个环节。在胞浆内阶段，合成黏肽的前体物质——乙酰胞壁酸五肽，磷霉素、环丝氨酸作用于该环节，阻碍了 N-乙酰胞壁酸五肽的合成。在胞浆膜阶段，合成黏附单体——直链十肽在细胞膜上合成十肽聚合物，万古霉素、杆菌肽作用于该环节。在胞浆膜外阶段，在转肽酶的作用下，黏肽单体交叉联结，头孢菌素等作用于该环节。

**2. 增加细菌细胞膜的通透性** 细胞膜是维持渗透压的屏障。多肽类抗生素（多黏菌素 B 和黏菌素）及多烯类抗生素（制霉菌素、两性霉素 B）能增加细菌细胞膜通透性，导致其细胞质内核酸、钾离子等重要成分渗出，导致细胞凋亡，从而达到抑菌的目的。

**3. 抑制生命物质的合成**

（1）影响核酸的合成 如利福平能特异性地抑制细菌 DNA 依赖的 RNA 多聚酶，阻碍 mRNA 的合成。喹诺酮类药物通过作用于 DNA 螺旋酶，抑制敏感菌的 DNA 复制和 mRNA 转录。

（2）影响叶酸代谢 如磺胺类药物和甲氧苄啶分别抑制二氢叶酸合成酶和二氢叶酸还原酶，导致四氢叶酸缺乏，从而抑制细菌的繁殖。

（3）抑制细菌蛋白质合成 细菌的核糖体为 70S，由 30S 和 50S 亚单位组成。四环素类药物和氨基糖苷类药物的作用靶点在 30S 亚单位，大环内酯类药物作用于 50S 亚单位。抑制蛋白质合成的药物分别作用于细菌蛋白质合成的三个阶段：①起始阶段，氨基糖苷类药物抑制始动复合物的形成；②肽链延伸阶段，四环素类药物阻止活化氨基酸和 tRNA 的复合物与 30S 上的 A 位点结合，林可霉素抑制肽酰基转移酶，大环内酯类药物抑制移位酶；③终止阶段，氨基糖苷类药物阻止终止因子与 A 位点结合，使得已经合成的肽链不能从核糖体上释放出来，核糖体循环受阻。

### 三、水产用抗菌药物

**1. 抗生素**

（1）氨基糖苷类药物 氨基糖苷类是含有氨基糖分子和非糖部分的糖原结合而成的苷，可分为天然品和人工半合成类。氨基糖苷类药物具有如下特点：①均为有机碱，能与酸形成盐。制剂多为硫酸盐，水溶性好，性质稳定。在碱性环境中抗菌作用增强。②抗菌谱较广，对需氧的革兰氏阴性杆菌作用强，但对厌氧菌无效；对革兰氏阳性菌的作用较弱，但对金黄色葡萄球菌包括其耐药菌株却较敏感。③口服吸收不好，几乎完全从粪便排出；注射给药效果良好，吸收迅速，可分布到体内许多重要器官中。④不良反应主要体现为肾毒性，阻断脑神经。⑤与维生素B、维生素C配伍产生颉颃作用；与氨基糖苷类药物等配伍毒性增加。

**新霉素**

**【理化性质】**白色或类白色的粉末，呈碱性，无臭，在水中极易溶解，在乙醇、乙醚、丙酮或氯仿中几乎不溶。性质稳定，具有耐热性。

**【结构式】**

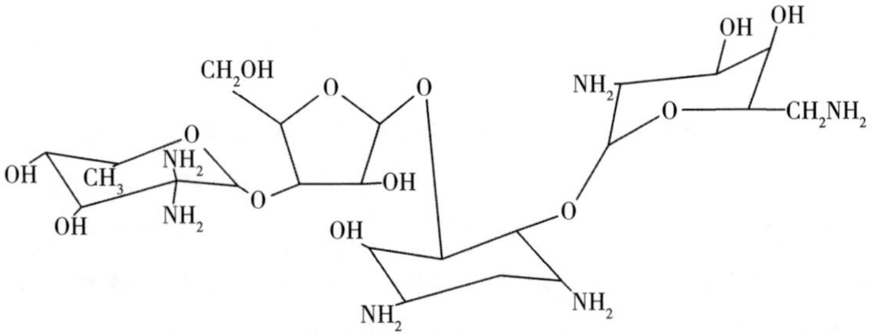

图2-1  新霉素结构式

**【药理作用】**新霉素与细菌核糖体30S亚基结合，抑制细菌蛋白质合成。对革兰氏阳性球菌、革兰氏阴性杆菌有效，对放线菌及部分原虫都有抑制作用，但对真菌、立克次体和病毒等无效。内服很少被吸收，大部分以原形从粪便排出。

**【制剂】**硫酸新霉素粉（neomycin sulfate soluble powder）。

主要成分：硫酸新霉素。

**【应用】**治疗鱼、虾、蟹等水产动物由气单胞菌、爱德华菌及弧菌引起的肠道疾病。

**【规格】**100g∶5g（500万U）；100g∶50g（5 000万U）。

**【用法用量】**

100g∶5g（500万U）：鱼、蟹、青虾，拌饲投喂，一次量

（以新霉素计），每1kg体重0.1g（按5％投饵量计，每千克饲料用本品0.2g），1d 1次，连用4～6d。

100g：50g（5 000万U）：鱼、蟹、青虾，拌饵投喂，一次量（以新霉素计），每1kg体重0.01g（按5％投饵量计，每千克饲料用本品0.2g），1d 1次，连用4～6d。

【注意事项】

①对体长3cm以内的小虾以及扣蟹、豆蟹疾病的防治用药量酌减。

②使用本品时，投饵量应比平常酌减。

【休药期】500℃·d。

（2）四环素类药物　四环素类为一类具有共同多环并四苯羧基酰胺母核的衍生物，是由链霉菌等微生物产生的或经半合成制取的一类碱性广谱抗生素。在水产动物疾病防治中应用的主要是经半合成制取的多西环素。四环素类药物应避免与生物碱制剂、钙盐、铁盐等同服；由于能抑制动物肠道菌群，四环素类药物不要与微生物（或微生态）制剂同时使用。此外，四环素类药物与复方碘溶液配伍易产生沉淀。

**多西环素**

【理化性质】黄色结晶性粉末，无臭，味苦，在水中和甲醇中易溶，在乙醇或丙酮中微溶，在氯仿中几乎不溶。

【结构式】

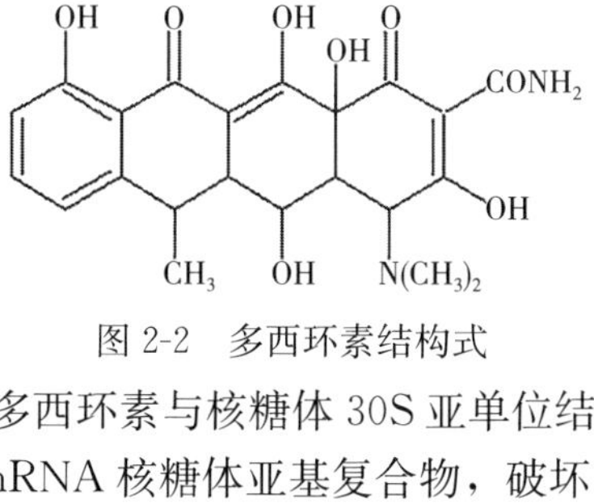

图2-2　多西环素结构式

【药理作用】多西环素与核糖体30S亚单位结合，阻止氨酰基-tRNA结合成为mRNA核糖体亚基复合物，破坏聚核糖体的形成，从而干扰蛋白质的合成。

【制剂】盐酸多西环素粉（doxycycline hyclate powder）。

主要成分：盐酸多西环素。

【应用】治疗鱼类由弧菌、嗜水气单胞菌、爱德华菌等细菌引起的细菌性疾病。

【规格】100g：2g（200 万 U）；100g：5g（500 万 U）；100g：10g（1 000 万 U）。

【用法用量】

100g：2g（200 万 U）：拌饲投喂，一次量（以多西环素计），每 1kg 体重 1g（按 5％投饵量计，每千克饲料用本品 20g），1d 1次，连用 3～5d。

100g：5g（500 万 U）：拌饲投喂，一次量（以多西环素计），每 1kg 体重 0.4g（按 5％投饵量计，每千克饲料用本品 8g），1d 1次，连用 3～5d。

100g：10g（1 000 万 U）：拌饲投喂，一次量（以多西环素计），每 1kg 体重 0.2g（按 5％投饵量计，每千克饲料用本品4.0g），1d 1 次，连用 4～6d。

【注意事项】

长期应用可引起二重感染和肝脏损害。

【休药期】750℃ • d。

（3）酰胺醇类药物　应用于水产动物疾病防治的该类药物主要有甲砜霉素、氟苯尼考等。酰胺醇类药物与维生素 C、维生素 B、氧化剂（如高锰酸钾）配伍易分解；与四环素类、大环内酯类抗生素和喹诺酮类药物配伍有颉颃作用；与重金属盐类（铜等）配伍则沉淀失效。

**甲砜霉素**

【理化性质】白色结晶性粉末，无臭，性微苦，对光、热稳定。在二甲基甲酰胺中易溶，在无水乙醇、丙酮中略溶，在水中微溶，几乎不溶于乙醚、氯仿及苯。

【结构式】

【药理作用】作用于细菌 70S 核糖体的 50S 亚基，通过与

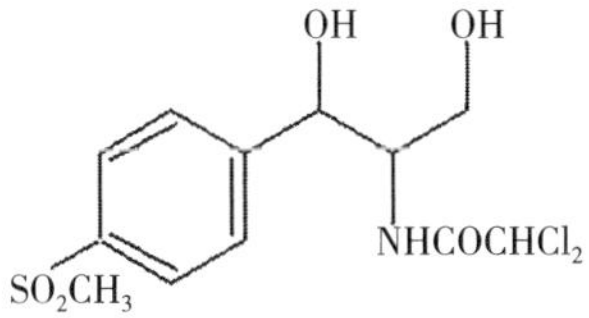

图 2-3 甲砜霉素结构式

rRNA 分子可逆性结合，抑制由 rRNA 直接介导的转肽酶反应而阻断肽链延长，从而抑制细菌蛋白质合成，抑制细菌的繁殖。本品是氯霉素的衍生物，抗菌谱和氯霉素基本相同，主要抗菌谱包括大肠杆菌、产气肠杆菌、克雷伯菌、沙门氏菌、炭疽杆菌、肺炎球菌、链球菌、李斯特菌、布氏杆菌、巴氏杆菌、葡萄球菌等。鱼类致病菌如假单胞菌、嗜水气单胞菌等对本品敏感。衣原体、钩端螺旋体、立克次体也对本品敏感。本品低浓度可抑菌，高浓度则有杀菌作用。细菌的耐药性发展较慢。本品可口服及注射，吸收均良好。其血药浓度比氯霉素高而持久，故体内抗菌活性较氯霉素为强。

【制剂】甲砜霉素粉（thiamphenicol powder）。

主要成分：甲砜霉素。

【应用】治疗淡水鱼、鳖等由气单胞菌、假单胞菌和弧菌等引起的出血病、肠炎、烂鳃病、烂尾病、赤皮病等。

【规格】100g∶5g。

【用法与用量】拌饲投喂，一次量（以本品计），每 1kg 体重 0.35g（按 5％投饵量计，每千克饲料用本品 7.0g），每日 2～3 次，连用 3～5d。

【不良反应】高剂量长期使用对造血系统具有可逆性抑制作用。

【注意事项】不宜高剂量长期使用。

【休药期】500℃·d。

**氟苯尼考**

【理化性质】又称氟甲砜霉素。白色或类白色结晶性粉末。无臭。在二甲基甲胺中极易溶解，在甲醇中溶解，在冰醋酸中略溶，在水或氯仿中极微溶解。

【结构式】

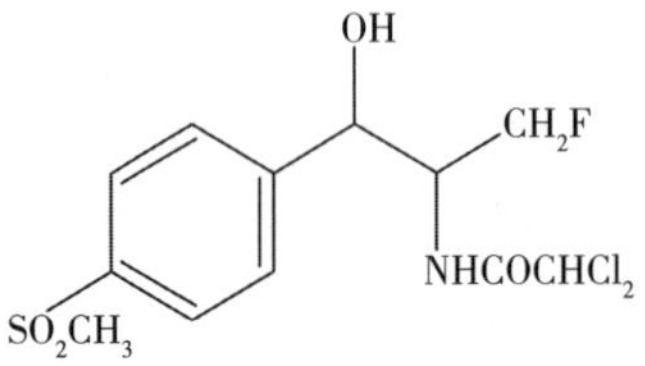

图 2-4 氟苯尼考结构式

【药理作用】与 70S 核糖体的 50S 亚基结合，抑制肽酰基转移酶的活性，从而抑制肽链的延伸，干扰细菌蛋白质的合成，达到杀菌的作用。抗菌活性优于甲砜霉素、氯霉素。本品对耐甲砜霉素、氯霉素的大肠杆菌、沙门氏菌、克雷伯菌亦有效。氟苯尼考对杀鲑气单胞菌、鳗弧菌有较强的抑制作用。体外的抗菌活性与甲砜霉素相似或略低，但体内的抗菌作用则明显优于甲砜霉素。内服与肌内注射后吸收快，分布广，血药浓度维持时间长。

【制剂】氟苯尼考粉（florfenicol powder）、氟苯尼考预混剂（50%）（florfenicol premix-50）、氟苯尼考注射液（florfenicol injection）。

主要成分：氟苯尼考。

【注意事项】避免与喹诺酮类、磺胺类及四环素类药物合并使用。

【休药期】375℃·d。

①氟苯尼考粉（florfenicol powder）。

【应用】防治主要淡、海水养殖鱼类由细菌引起的败血症、溃疡、肠道病、烂鳃病，以及虾红体病、蟹腹水病。

【规格】10%。

【用法与用量】鱼、虾、蟹：拌饲投喂，一次量（以氟苯尼考计），每 1kg 体重 0.1～0.15g（按 5% 投饵量计，每千克饲料用本品 2.0～3.0g），1d 1 次，连用 4～6d。

【不良反应】有胚胎毒性；高剂量长期使用对造血系统具有可逆性抑制作用。

②氟苯尼考预混剂（50％）（florfenicol premix-50）。

【应用】用于治疗嗜水气单胞菌、肠炎、赤皮病等，也可治疗虾、蟹类弧菌病以及罗非鱼链球菌病等。

【规格】50％。

【用法与用量】拌饲投喂（以氟苯尼考计），鱼：每 1kg 体重20mg，1d 1 次，连用 3～5d。

③氟苯尼考注射液（florfenicol injection）。

【规格】2mL∶0.6g；5mL∶0.25g；5mL∶0.5g；5mL∶0.75g；5mL∶1g；10mL∶1.5g；10mL∶0.5g；10mL∶1g；10mL∶2g；50mL∶2.5g；100mL∶10g；100mL∶30g。

【应用】治疗鱼类敏感菌所致疾病。

【用法与用量】鱼：肌内注射，一次量（以氟苯尼考计），每1kg 体重 0.5～1mg，1d 1 次。

**2. 人工合成抗菌药物**

*喹诺酮类药物* 喹诺酮类（Qunolones）是指人工合成的含有4-喹酮母核的一类抗菌药物。自 1962 年人类发现第一个喹诺酮类抗菌药——萘啶酸以来，由于它具有抗菌谱广、抗菌活性强、给药方便、与常用抗菌药物无交叉耐药性、不需要发酵生产、性价比高等特点，喹诺酮类药物被广泛用于人、兽和水生动物的疾病防治等。该类药物现已开发至第四代，目前水产动物疾病防治常用的是第三代的一些种类，如恩诺沙星等。喹诺酮类抗菌药与氯茶碱、金属离子（如钙、镁、铁等）配伍易沉淀；与四环素类药物配伍有颉颃作用。

**恩诺沙星**

【理化性质】微黄色或类白色结晶性粉末，无臭，味微苦。易溶于碱性溶液中，在水、甲醇中微溶，在乙醇中不溶，遇光颜色渐变为橙红色。

【结构式】

【药理作用】恩诺沙星是第三代喹诺酮类抗菌药物，又名乙基环丙沙星，1996 年 10 月 4 日获美国食品药品监督管理局（FDA）

图 2-5　恩诺沙星结构式

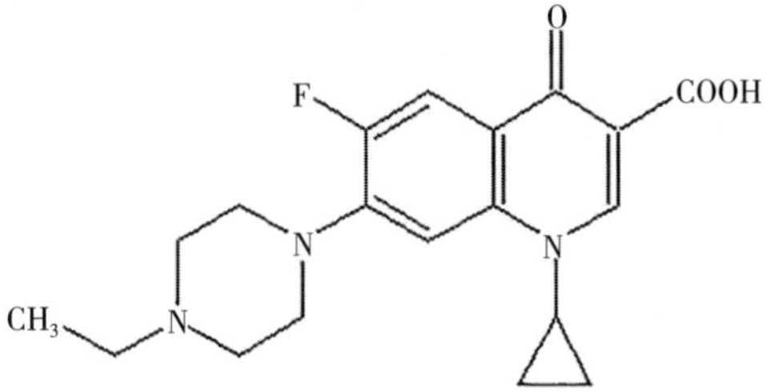

批准，为畜禽和水产专用喹诺酮类抗菌药物（鳗除外）。它能与细菌 DNA 回旋酶亚基 A 结合，从而抑制酶的切割与连接功能，阻止细菌 DNA 的复制，而发挥抗菌作用。它具有广谱抗菌活性和很强的渗透性，对革兰氏阴性菌有很强的杀灭作用，对革兰氏阳性菌也有良好的抑制作用，几乎对水生动物所有病原菌的抗菌活性均较强。它对由耐药性致病菌引起的严重感染有效，与其他抗菌药物无交叉耐药性。该药口服吸收好，血药浓度高且稳定，能广泛分布于组织中，它的代谢产物为环丙沙星，也有强大的抗菌作用。

【制剂】恩诺沙星粉（enrofloxacin powder）。

主要成分：恩诺沙星。

【应用】治疗水产动物由细菌性感染引起的出血性败血症、烂鳃病、打印病、肠炎病、赤鳍病、爱德华菌病等疾病。

【规格】100g∶5g；100g∶10g。

【用法与用量】

100g∶5g：拌饲投喂，一次量（以恩诺沙星计），每 1kg 体重 0.2～0.4g（按 5%投饵量计，每千克饲料用本品 4.0～8.0g），1d 1 次，连用 5～7d。

100g∶10g：拌饲投喂，一次量（以恩诺沙星计），每 1kg 体重 0.1～0.2g（按 5%投饵量计，每千克饲料用本品 2.0～4.0g），1d 1 次，连用 5～7d。

【不良反应】

①可致幼年动物脊椎病变和影响软骨生长。

②可致消化系统不良反应。

【注意事项】

①避免与含有阳离子（$Al^{3+}$、$Mg^{2+}$、$Ca^{2+}$、$Fe^{2+}$、$Zn^{2+}$）的物质或与制酸药如氢氧化铝、三硅酸镁等同时服用。

②避免与四环素、甲砜霉素和氟苯尼考粉等有颉颃作用的药物配伍。

③禁止在鳗养殖中使用。

【休药期】500℃·d。

**噁喹酸**

【理化性质】白色或黄白色结晶性粉末，无臭，无味。不溶于水、甲醇和无水乙醇，极难溶于氯仿，难溶于二甲基甲酰胺。不吸潮，对热、湿、光稳定。

【结构式】

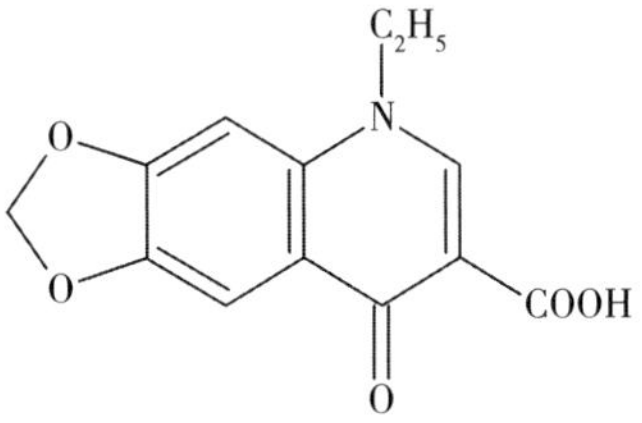

图 2-6 噁喹酸结构式

【药理作用】噁喹酸属第一代喹诺酮类药物，其作用机理是抑制细菌脱氧核苷酸的合成。对革兰氏阴性菌有很强的抑菌能力，但对真菌与结核杆菌没有抗菌作用。

【应用】噁喹酸是水产专用药，可用于防治鲕、真鲷、竹筴鱼、罗非鱼类的结节病，银大麻哈鱼、鳟、玫瑰大麻哈鱼疖疮病、弧菌病，淡水鱼细菌性败血症、肠炎病，斑点叉尾鮰肠败血症，鳗赤鳍病、红点病，日本对虾弧菌病，香鱼气单胞菌感染症等。

【制剂】噁喹酸散（oxolinic acid powder）、噁喹酸混悬溶液（oxolinic acid suspension）和噁喹酸溶液（oxolinic acid solution）。

①噁喹酸散（oxolinic acid powder）。

主要成分：噁喹酸。

【应用】治疗鲈形目鱼类的类结节病，鲱目鱼类的疖疮病，香鱼的弧菌病，鲤科鱼类的肠炎，鳗的赤鳍病、赤点病和溃疡病，对虾的弧菌病等。

【规格】1 000g∶50g；1 000g∶100g。

【用法与用量】拌饲投喂，一次量（以噁喹酸计）：类结节病，每1kg体重10～30mg，1d 1次，连用5～7d；疖疮病，每1kg体重5～10mg，1d 1次，连用5～7d；鱼类（香鱼除外）弧菌病，每1kg体重5～20mg，1d 1次，连用5～7d；香鱼弧菌病，每1kg体重2～5mg，1d 1次，连用3～7d；肠炎病，每1kg体重5～10m，1d 1次，连用5～7d；赤鳍病，每1kg体重5～20mg，1d 1次，连用4～6d；赤点病，每1kg体重1～5mg，1d 1次，连用3～5d；溃疡病，每1kg体重20mg，1d 1次，连用5d；对虾的弧菌病，每1kg体重6～60mg，1d 1次，连用5d。

【不良反应】本品对温水性水产动物的毒性强，仅限用于冷水性水产动物。

【注意事项】鳗使用本品时，食用前25d内饲养用水平均日交换率应在50%以上。

【休药期】五条鰤16d；香鱼21d；虹鳟21d；鳗25d；鲤21d。

②噁喹酸混悬溶液（oxolinic acid suspension）。

主要成分：噁喹酸。

【应用】治疗鱼类细菌性疾病。

【规格】10%。

【用法与用量】拌饲投喂，一次量（以噁喹酸计）：鱼的爱德华菌病，每1kg体重0.4g，用本品每1kg体重20～30mg，1d 1次，连用5d；红点病，每1kg体重0.02～0.1g，1d 1次，连用3～5d。虾的红鳃病：每1kg体重0.1～0.4g，1d 1次，连用5d。

【注意事项】对于鳗，使用前25d内饲养用水平均日交换率应在50%以上。

【休药期】25d。

③噁喹酸溶液（oxolinic acid solution）。

主要成分：噁喹酸。

【应用】同噁喹酸散。

【规格】5%。

【用法与用量】鱼、虾：浸浴，一次量（本品），每 $1m^3$ 水体 100mL。

【注意事项】同噁喹酸散。

【休药期】25d。

**氟甲喹**

【理化性质】白色细微粉末，无臭、无味，不溶于水，能在有机溶剂中互溶，可溶于碱性水溶液中。无毒、无麻醉作用，不属易燃易爆品。

【结构式】

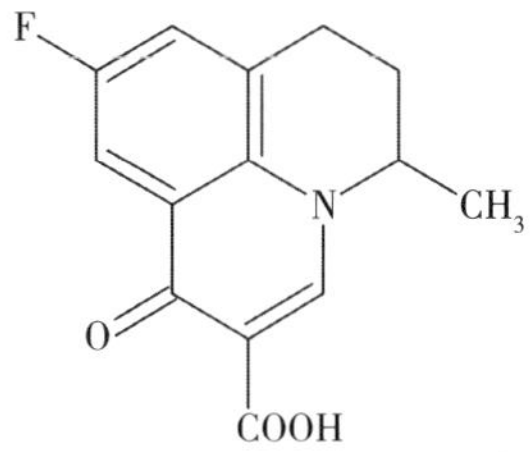

图 2-7　氟甲喹结构式

【药理作用】氟甲喹又称氟六喹酸、氟喹酸，属第二代喹诺酮类药，对革兰氏阴性杆菌有较好的抑制作用，与各种抗生素无交叉耐药性。其作用机制是抑制细菌的脱氧核苷酸的合成，阻止细菌DNA 复制，达到杀菌的效果。

【制剂】氟甲喹粉（flumequine powder）。

主要成分：氟甲喹。

【应用】主要用于鱼、虾、蟹、鳖由气单胞菌引起的出血病、烂鳃病、肠炎等细菌性疾病。

【规格】100g∶10g；50g∶5g；10g∶1g。

【用法与用量】鱼：拌饲投喂，一次量（以氟甲喹计），每 1kg 体重 25～50g，1d 1 次，连用 3～5d。

【不良反应】按规定剂量未见不良反应。

【休药期】500℃·d。

## 第三节　病原菌耐药性产生的物质基础

### 一、耐药性产生的基因水平物质基础

**1. 染色体**　染色体（chromosome）是一条双股环状 DNA 分子，按一定构型反复回旋形成松散的网状结构，附着在横隔中介体或细胞膜上，染色体携带绝大部分的遗传信息，决定病原菌的基因型。

全基因组序列分析的资料表明，病原菌的种内和种间存在着广泛的遗传物质交换，如耐药性基因的获得。细菌染色体上带有编码耐药性的基因，有的耐药性也来自细菌的看家基因，如其编码产物在长期进化过程中变为抗生素的灭活酶（如氨基糖苷类修饰酶）。另外染色体发生基因突变也可使细菌获得耐药性。耐药性自然突变率为 $10^{-10}\sim10^{-7}$，由突变产生的耐药性是随机的，一般只对一种或两种相类似的药物耐药。基因突变所获得的耐药性比较稳定，产生耐药的菌株是极个别的，而且生长较慢，对理化因素的抵抗力可能不及敏感菌，因此自然界中的耐药菌居次要地位。

基因突变在耐药性发展上具有重要意义，如产超广谱 β-内酰胺酶的革兰氏阴性菌、多耐药结核分支杆菌等的耐药均与基因突变密切相关。另外，革兰氏阴性菌（如大肠杆菌）对喹诺酮类耐药与编码解旋酶 A 亚基的基因突变有关，而革兰氏阳性菌（如金黄色葡萄球菌等）对喹诺酮类耐药主要与编码 DNA 拓扑异构酶Ⅳ的基因突变密切相关。还有，细菌对大环内酯类药物的抗性与细菌核糖体 50S 亚基发生基因突变相关。

（1）DNA 突变　细菌的变异现象可能属遗传变异，也可能属表型变异。细菌基因型变异的机制包括：①碱基置换（substitution），

碱基置换包括转换（transition）和颠换（transversion）两种类型；②碱基的插入与缺失；③倒置与转位；④碱基的互变；⑤环出效应。

人工应用理化因素可诱发突变者称为诱变剂。根据化学诱变剂的作用方式，可将诱变分为直接置换诱变和间接置换诱变两种类型。需注意的是，许多诱变剂的诱变作用都不是单一的。例如，亚硝酸既能引起碱基对的转换作用，又能诱发染色体畸变；一些电离辐射也可同时引起基因突变和染色体畸变。

（2）RNA 突变　RNA 不光是遗传的"信使"，在某种程度上还扮演"纠错者"和"控制者"的角色。RNA 会经常发生突变，以不断地应付恶劣多变的环境，包括对药物产生抗性。

（3）基因的转移与重组　在原核生物中，基因转移和重组的方式主要有转化、接合、转导、溶原型转换和原生质体融合。

耐药质粒 R 因子中有些亦可通过接合而传递。R 因子能同时携带一种或几种耐药基因，常常通过接合机制转移给对药物敏感的宿主菌。R 因子由两部分组成，一部分为承担耐药性转移功能的部分，称为耐药转移因子；另一部分为耐药决定因子（R 决定因子），含有耐药基因，能赋予宿主菌耐药特性。能以接合方式转移的，称为传递性 R 因子，肠道杆菌的耐药质粒属于此种类型。有耐药基因而不能以接合方式转移的为非传递性 R 因子，这类 R 因子必须经传递性质粒带动、噬菌体转导或以转化方式在细菌间转移。例如，金黄色葡萄球菌的耐青霉素质粒，因不含耐药转移因子属于非传递性 R 因子。

R 因子决定耐药性的机制是：①质粒基因可编码产生各种钝化酶，如金黄色葡萄球菌耐药性质粒编码青霉素酶，耐氨苄青霉素的肠道杆菌质粒中编码能使 β-内酰胺环水解的酶；②R 因子通过控制一些细菌细胞膜的通透性，使四环素不能进入菌体；③R 因子通过阻止抗生素与细菌细胞内的作用部位结合，使细菌耐药，如 R 因子编码的甲基化酶使核糖体上某些分子甲基化，从而使红霉素不能与之结合而失去作用。

**2. 病原菌 sRNA**　病原菌对环境变化的感应与调节涉及一系列

复杂的生物学过程，其中涉及 DNA、RNA 和蛋白质对基因表达的调节，病原菌通过基因表达的调节和细胞内的信号传导，实现对环境的适应。近年研究发现，由病原菌 sRNA（small non-coding RNA）组成的转录后调控网络，是病原菌感应外界环境、进行生理调节的重要机制之一。

sRNA 通过不同的途径介导细菌对抗生素的耐药：①调节抗生素的摄取；②介导抗菌药物的杀菌作用；③调节生物膜的形成过程；④介导细菌代谢状态的改变而影响耐药性；⑤参与细胞铁的平衡等。

**3. 质粒**　质粒（plasmid）是细菌染色体以外的遗传物质，是环状闭合的双链 DNA 分子，存在于细胞质中，具有自主复制的能力。质粒既可以游离在细胞质中，也可以整合在宿主细菌的染色体上。许多重要性状（如耐药性）的基因存在于质粒上。1959 年，日本学者在多重耐药痢疾志贺菌的研究工作中，首先发现耐药性质粒（resistance plasmid），简称 R 质粒。

根据质粒能否通过细菌的接合作用传递，可将质粒分为接合性质粒和非接合性质粒。部分 R 质粒属于接合性质粒，接合性质粒基因包括四部分：①与 DNA 复制有关的基因；②与控制拷贝数量和分区有关的基因；③与基因转移或接合传递有关的基因；④与耐药、耐重金属及分解复杂有机物有关的基因。

近年来，由质粒介导的耐药性引起极大重视。R 质粒可存在于革兰氏阳性和阴性菌中，它不但能遗传给子代，还可通过接合产生新的耐药菌株。根据耐药质粒能否借接合而转移，将耐药质粒分为接合性耐药质粒和非接合性耐药质粒。接合性耐药质粒由耐药传递因子（resistance transfer factor，RTF）和耐药决定因子（resistance determinants，r-det）两部分构成。前者编码宿主菌产生接合和自主复制的蛋白，决定自主复制与接合转移，有传递基因功能；后者能赋予宿主菌耐药性，可含有多个转座子（Tn）或耐药基因盒（resistance gene cassettes），构成一个多耐药基因的复合体，这是造成细菌多重耐药的原因。耐药质粒的危害性在于它们能使宿主菌具有耐药性，以及它们的致育性，能从耐药菌传递给敏感菌，使后者产生抗药性，并能传至后代。R质粒不仅在同一种属细菌间转移，而且可在不同种属细菌间相互传递，造成耐药性的广泛传播。带有多个耐药基因的R质粒转移，导致多重耐药的肠道杆菌日益增加，给临床治疗带来很大困难。

**4. 整合子** 整合子（integron）是一种能捕获并表达外源基因的移动性基因元件，具有位点特异性的基因重组系统，常引起细菌抗生素耐药性的传播扩散。移动性的整合子与细菌耐药性的水平转移密切相关，特别是在革兰氏阴性菌中。目前，约有130种编码抗生素抗性的基因盒被鉴定。

自然界环境中，包括人体正常菌群都存在一个相当大的抗生素耐药基因池，细菌复制子及其宿主之间的"基因流"是经常性的而非偶然产生的，当病原菌暴露于强大的抗生素选择压力下时，这个基因池可随时对细菌开放，使细菌迅速摄取耐药基因并获得强大的耐药性。

## 二、耐药性产生的蛋白水平物质基础

**1. 抗菌药物灭活酶** 抗菌药物灭活酶有两种：一种是产生水解酶，如β-内酰胺酶；另一种是产生钝化酶，如氨基糖苷类修饰酶。

（1）β-内酰胺酶 β-内酰胺酶（β-lactamase，BLA）主要是革兰氏阴性菌产生的水解β-内酰胺类抗生素的酶。BLA通过破坏β-内酰胺环，改变抗生素的构象，使之失活，导致细菌对青霉素类、头孢霉素类和碳青霉烯类等β-内酰胺类抗生素耐药。根据底物特异性的不同，BLA可有不同名称：青霉素酶、头孢菌素酶、碳青霉烯酶、金属酶和苯唑青霉素酶等。青霉素酶分解青霉素类抗生素和第二代头孢菌素，头霉素酶主要分解头霉素，而苯唑青霉素酶既分解苯唑青霉素也水解青霉素类抗生素，金属酶主要水解碳青霉烯类抗生素等。

几种代表性的β-内酰胺酶包括：①超广谱β-内酰胺酶

（extended spectrum β-lactamases，ESBLs），ESBLs 由质粒介导，能赋予细菌对多种 β-内酰胺类抗生素的耐药性，是当前最受关注的一类 β-内酰胺酶，能水解氨基糖苷类和氟喹诺酮类；②金属 β-内酰胺酶（metallo-β-lactamases，MBLs）简称金属酶，其活性需要金属离子（$Zn^{2+}$）介导，不被现有的 β-内酰胺酶抑制剂抑制，但可被 EDTA 等金属螯合剂抑制，表现出结构和作用机制的多样性，使其介导的抗生素耐药性很难被克服；③AmpC 类 β-内酰胺酶 AmpC 是由革兰氏阴性杆菌产生的、不被克拉维酸抑制的丝氨酸类头孢菌素酶组成的一个酶家族。由染色体介导的 AmpC 酶已有53 种，由质粒介导的已有 19 种。

（2）氨基糖苷类抗生素修饰酶　病原菌对氨基糖苷类产生耐药的最重要原因是修饰酶的产生，抗生素的氨基（—$NH_2$）或羟基（—OH）被酶修饰后与核糖体结合不紧密而不能进入下一阶段发挥抗菌作用，使细菌在抗生素存在的情况下仍能存活。常见的氨基糖苷类修饰酶（aminoglycoside modifying enzyme）有乙酰转移酶（acetylase，AAC）、腺苷化酶（adenylase，AAD）、核苷化酶（nucleotidylase，ANT）和磷酸化酶（phosphorylase，APH）。少数钝化酶基因位于染色体上（如黏质沙雷菌和铜绿假单胞菌），多数菌种特别是肠杆菌科细菌的酶基因位于质粒或转座子上，并常和 ESBLs 相关联，导致多重耐药。

（3）其他酶类　包括红霉素酯酶、大环内酯 2'-磷酸转移酶、达福普丁乙酰转移酶、林可酰胺核苷酸转移酶等。

**2. 抗菌药物作用靶位点改变**　所有抗生素在细菌细胞中都有作用的靶位——蛋白质或者其他结构，这些靶位对于细菌的生长或功能活动是必需的。抗生素必须与这些靶位相互作用以去除这些靶分子的功能，这种相互作用具有特异性，否则抗生素与人体细胞作用将产生毒副作用。一旦靶位结构改变，或是靶位周围环境改变，就会影响靶位与抗生素的相互作用，即使这种改变没有影响靶分子在细胞结构中的功能和在细胞新陈代谢中的作用，也能产生耐药性。

在细菌中因靶位改变导致的抗生素耐药性是极为常见的，并且改变的形式也是多种多样。有些靶位改变只是一个蛋白分子上的单一点突变，这些靶位通常是催化细胞基本功能的酶。编码靶蛋白的基因也可以通过与外来 DNA 同源重组的方式被改变。有些细菌通过外来基因产生新的靶位来代替抗生素的靶位。有些细菌产生与靶位相互作用的蛋白质以阻止靶位与抗生素相互作用。

**3. 病原菌的外膜屏障** 革兰氏阴性菌的外膜是一层非常有效的通透屏障，在多重耐药中发挥着重要作用。革兰氏阴性菌的外膜由特殊的脂多糖组成，富含较多的饱和脂肪酸。这种具有脂多糖双层结构的细菌外膜对亲脂性抗生素的快速穿透起到有效的屏障作用。

**4. 病原菌细胞膜渗透降低使抗菌药物摄取减少** 细菌细胞膜是由高度疏水的脂质双分子层和孔道形成蛋白组成的，作为屏障能够为细菌提供保护并有选择通透作用，与细胞壁共同完成菌体内外的物质交换。抗生素必须克服细胞膜的屏障作用进入细菌细胞内到达作用位点才能发挥抗菌作用，因此，细胞膜的特性及其与抗生素间的关系对于抗生素发挥抗菌作用具有重要影响。

细菌接触抗生素后产生与此相关的获得性耐药机制之一，是提高细胞膜屏障作用，通过渗透降低使摄取减少，阻止或减少抗生素进入菌体。这种降低细胞膜通透性的耐药机制主要是通过基因突变引起膜通透性降低、改变跨膜通道孔蛋白的结构，使其与药物的结合力降低，以及减少跨膜孔蛋白的数量，甚至使其消失来实现的。

病原菌细胞膜渗透降低主要包括：①脂质层介导的细菌膜渗透性降低；②基因突变介导的细菌膜渗透性降低；③膜孔蛋白介导的细菌膜渗透性降低。

**5. 病原菌多重耐药外排系统** 病原菌细胞膜表面的外排泵在抗生素耐药尤其是多重耐药中起着重要作用，外排泵可以将抗生素外排至细菌外，从而阻碍抗生素与细菌内的靶位结合，引起耐药，该系统被称为细菌多重耐药外排泵系统（multi-drug resistance efflux pump systems）。因病原菌将进入菌体内的药物泵出体外，需能量参与，故又称为主动外排系统（active efflux systems）。病原菌的主动外排是导致细菌产生多重耐药的主要原因。

根据多重耐药外排泵的结构、作用特点、氨基酸序列同源性和进化关系来划分，将细菌中与抗生素相关的膜外排泵分子分为5个主要超家族：①ATP-结合盒家族（ATP-binding cassettes transporters，ABC家族）；②主要易化子超家族（major facillitator superfamily，MFS家族）；③耐药结节化细胞分化家族（resistance-nodulation-division family，RND家族）；④小多药耐药家族（small multi-drug resistance family，SMR家族）；⑤多药及毒性化合物外排家族（multi-drug and toxic compound extrusion，MATE家族）。除ABC家族外排系统是以ATP为能量外，其余均以质子跨膜浓度梯度作为外排动力，其中ABC家族外排系统主要存在于革兰氏阳性菌中，其他家族主要介导革兰氏阴性菌耐药。

细菌外排系统的主要成分是蛋白质，主要为膜蛋白。一般认为革兰氏阴性菌的膜主动外排泵系统由三部分组成：外膜蛋白（outer membrane protein，OMP）、膜融合蛋白（membrane fusion protein，MFP）和内膜上的外排蛋白（efflux pump protein）[或称转运蛋白（efflux transporter）]，故外排泵系统又称三联外排系统（tripartite efflux system）。当有害物质进入细胞后，外排泵能和底物结合，外排系统打开内在通道，将其泵出胞外。外排蛋白的特征决定了底物的广泛性，导致多重耐药，因此常作为流行病学的检测指标。

目前研究中发现多种外排泵抑制剂（efflux pump inhibitors，EPIs）可以不同程度阻断细菌的外排作用。常见外排泵抑制剂类型包括：①干扰外排泵组装的外排泵抑制剂；②阻断外排泵能量来源的外排泵抑制剂；③竞争结合外排泵底物的外排泵抑制剂；④阻碍底物通过外排泵通道的外排泵抑制剂；⑤在基因水平抑制外排泵的表达的外排泵抑制剂。

**6. 病原菌异常代谢对抗生素耐药的影响**　病原菌新陈代谢状

态改变可引起其对抗生素的耐药。

（1）病原菌的氧化应激与抗生素耐药　由病原菌的氧化应激引发的耐药包括：①氧化应激（oxidative stress，OS）反应；②铁引起的氧化应激；③细菌通过产生 ROS 引起 DNA 的损伤修复。

（2）病原菌其他代谢状态改变与抗生素耐药

①细菌营养物质代谢改变引起抗生素耐药。细菌代谢状态改变可引起其对抗生素的耐药。休眠状态的细菌或营养缺陷型细菌可出现对多种抗菌药物耐药。当细菌营养缺乏时，其生长代谢速度受阻，但对抗生素的耐药性增加。细菌代谢能力降低可引起细菌对多种抗生素耐药，要想恢复对抗生素的药物敏感性，必须增强其代谢能力。

②细菌饥饿状态下对抗生素的耐药性。细菌为了生存必须不断适应环境变化，细胞内 GDP 或 GTP 的衍生物——四磷酸鸟嘌呤核苷（ppGpp）或五磷酸鸟嘌呤核苷（pppGpp）积累所诱导的应激反应是细菌应对环境或营养压力的策略之一。细菌在饥饿状态下会引起氮源及磷源缺乏，从而使细菌生理状态发生改变。

**7. 病原菌生物膜的抗渗透功能**　病原菌生物膜是指细菌黏附于固体或有机腔道表面后繁殖、分化，并分泌一些多糖基质将菌体群落包裹其中，聚集缠绕形成的细菌聚集体膜状物。相对于非被膜菌而言，被膜菌更能够抵抗抗生素的杀灭效应，对抗生素表现出耐药性。一般来说，被膜菌对抗生素的抵抗作用起始于其黏附阶段，并且其耐药性随着生物膜生长而逐渐增强。被膜菌耐药的机制不完全清楚，可能与以下因素有关。

（1）生物膜的渗透屏障作用　病原菌生物膜是限制抗生素进入菌体的天然屏障。抗生素只能杀灭生物膜表面的非被膜菌，而不能充分渗透到深部细菌以形成有效的浓度，抗生素因而难以对包裹在生物膜深处的细菌发挥作用，这些细菌成为慢性感染的重要原因。渗透屏障不仅降低了进入生物膜内的抗生素的浓度，同时可以协助β-内酰胺酶破坏抗生素分子。屏障限制和酶降解协同作用，使得生物膜耐药性大大增加。

（2）生物膜的微环境改变　氧气在生物膜内被消耗，造成被膜深部的厌氧环境，氨基糖苷类抗生素在厌氧环境下对细菌的作用明显低于有氧环境；酸性代谢产物的积聚导致膜内外 pH 有显著差异；渗透压的改变引发渗透压压力反应，使细菌外膜蛋白的比例改变，细胞被膜对抗生素的渗透降低，这些因素均使被膜菌进入非生长状态，甚至处于休眠状态，对各种理化刺激、应激反应及药物均不敏感而引起细菌耐药。

（3）生物膜中基因表型改变　生物膜内病原菌基因的表达与浮游菌不同。与浮游菌相比，被膜菌还启动了一些特殊基因的表达，虽然仅占整个基因组的小部分，但有可能对生物膜耐药至关重要。

（4）病原菌密度信号感应系统　病原菌密度信号感应系统（quorum sensing，QS）对耐药性的调控作用主要表现在两方面：一是调控生物膜的形成，提高菌群耐药性；二是直接参与多重耐药外排泵的调控，提高菌体耐药性。

（5）启动抗生素外排泵系统　许多细菌能产生抗生素外排泵，外排泵能够将穿过细菌外膜的抗生素及时排出细菌体外，从而避免了抗生素与细菌的接触。生物膜菌抗生素外排泵的基因表达高于非被膜菌，表明生物被膜的形成可能有助于抗生素外排泵的合成。

（6）分泌抗生素水解酶　有的细菌能分泌抗生素水解酶，使之丧失抗菌效能，其中 β-内酰胺酶引起的耐药性最为重要。

（7）对抗机体免疫防御机制　细菌生物膜中的大量黏性基质包裹着细菌，形成了一个物理屏障，将细菌和机体免疫系统隔开，限制了吞噬细胞呼吸暴发产生的活性氧产物渗透进入生物膜，导致吞噬细胞无法破坏生物膜内细菌。

# 第四节　主要水产养殖病原菌对抗菌药物的耐药性

## 一、对主要抗菌药物的耐药性

**1. 喹诺酮类抗菌药**　病原菌对喹诺酮类药物耐药机制分为特

异性和非特异性两类。特异性耐药机制有拓扑异构酶氨基酸序列的突变和耐药性质粒的出现，导致药物作用靶位的改变，使药物不能对其产生作用；非特异性耐药机制包括细菌外排系统表达水平和膜通透性的改变，使药物的主动外排增加和（或）内流减少。喹诺酮类耐药特点有：①耐药可发生于染色体上，质粒介导的耐药近年来也有报道，应予以重视；②耐药基因的变化在一个很小的范围，这个范围称之为喹诺酮耐药决定区（quinolone resistance-determining region，QRDR）；③喹诺酮类药物之间存在广泛的交叉耐药，有些还与其他药物存在交叉耐药。迄今尚未发现灭活酶介导的耐药机制。

（1）靶位改变引起的耐药　高频率氟喹诺酮类药物耐药的主要机制是编码药物靶位蛋白的基因突变。通常，一个靶位突变造成的最小抑菌浓度（minimum inhibitory concentration，MIC）增大不会超过 10 倍；而高水平耐药（MIC 增大 10～100 倍）菌株常常是两种酶共同突变造成的。

靶位改变引起的喹诺酮类药物耐药主要包括：①丝氨酸残基的突变。最常见的突变位点是形成水-金属离子桥的丝氨酸和酸性残基。保守的丝氨酸残基可能是细菌抵御自然界中天然产生抗生素的"耐药突变"，却也成为喹诺酮类药物等合成抗菌药的作用靶位。②DNA 旋转酶的突变。革兰氏阴性菌中 DNA 旋转酶是喹诺酮类的主要靶位，其两个亚单位中 GyrA 改变是耐药性的主要成因，GyrB 的改变只引起低水平耐药。③拓扑异构酶Ⅳ的突变。不同的氟喹诺酮类药物特异性地诱导不同的拓扑异构酶变异。

（2）主动外排系统介导的耐药　主动外排系统是细菌细胞膜上的一类蛋白，在能量的支持下可将药物选择性或无选择性地排出细胞外。多药外排转运体可主动外排氟喹诺酮类药物和其他药物，造成胞内浓度下降而增大 MIC。这些外排系统很大程度上决定了一个菌属对喹诺酮类药物和其他药物的固有敏感性，当这些转运体的表达上调后，会产生获得性耐药，增大 MIC。外排在高程度的氟喹诺酮类药物耐药的发展过程中发挥重要作用，灭活主要的外排系统可阻止氟喹诺酮类药物耐药突变的发展，而且专属靶点突变的菌株在抑制外排转运体后临床耐药性也会消失。

（3）细菌膜通透性改变引起的耐药　细胞膜的通透性以及抗菌药物进入胞内的能力是决定药物有效性的重要因素。外膜蛋白（outer membrane protein，OMP）的改变主要是引起具有通道作用的外膜孔蛋白的性质和数量的变化以及脂多糖的变化，以减少细菌对喹诺酮类的摄入而致耐药。在革兰氏阳性菌中，喹诺酮类药物仅依靠膜两侧的药物浓度差进行简单扩散即可进入菌体。革兰氏阴性菌中则存在 3 种快速途径使药物进入菌体：①亲水性喹诺酮类药物主要通过细菌外膜的孔蛋白扩散；②疏水性喹诺酮类药物主要通过膜脂质双分子层扩散；③疏水性喹诺酮类药物也可通过细菌膜脂多糖的自我激发摄入。当细菌染色体基因突变引起膜通透性降低，影响到药物转运时，即发生耐药。

（4）质粒介导的耐药性　质粒介导的喹诺酮类药物耐药（plasmid-mediated quinolone resistance，PMQR）与 3 个 PMQR 基因家族相关，分别是 $qnr$ 基因，$aac$（6'）-$lb$-$cr$ 基因，$oqxAB$ 和 $qepA$ 外排系统。

**2. 氨基糖苷类抗生素**　病原菌对氨基糖苷类抗生素的耐药机制包括三个方面：①产生使抗生素失活的钝化酶；②核糖体蛋白或 16S rRNA 突变介导的耐药；③氨基糖苷修饰酶的分布。

（1）产生使抗生素失活的钝化酶　使抗生素失活的钝化酶作用于特定的氨基或羟基，导致氨基糖苷类抗生素发生钝化，使被钝化的抗生素很难与核糖体结合，从而导致高度耐药。

氨基糖苷类钝化酶主要有 3 种类型：①氨基糖苷磷酸转移酶（aminoglycosides phosphotransferases，APH）；②氨基糖苷核苷转移酶（aminoglycosides nucleotidyltransferases，ANT）；③氨基糖苷乙酰转移酶（aminoglycoside acyltransferases，AAC）。

不同氨基糖苷类钝化酶具有不同的作用底物。①氨基糖苷磷酸转移酶是一种利用 ATP 作为第二底物，且能磷酸化所有氨基糖苷类抗生素的羟基酶。②氨糖苷类核苷转移酶利用 ATP 作为第二底物，通过将 AMP 转移到羟基上而修饰氨基糖苷类抗生素。③氨基糖苷乙酰转移酶在乙酰辅酶 A 存在下使氨基糖苷类分子中 2-脱氧链霉胺的氨基发生乙酰化。

（2）核糖体蛋白或 16S rRNA 突变介导的耐药　2003 年，在耐多药肺炎克雷伯菌中发现了一种由质粒介导的耐药机制——16S rRNA 甲基化酶（16S rRNA methylase），该酶导致革兰氏阴性杆菌对卡那霉素组和庆大霉素组的多种临床常用氨基糖苷类抗生素高度耐药。目前已发现的 16S rRNA 甲基化酶基因位于质粒或转座子上，易于传播，是病原菌对氨基糖苷类抗生素耐药的重要机制之一。

（3）氨基糖苷修饰酶的分布　细菌对氨基糖苷类抗生素耐药主要是由氨基糖苷类修饰酶（aminoglycoside-modifying enzyme，AME，又称钝化酶）和氨基糖苷类抗生素作用靶位 16S rRNA 基因突变所致，其中前者是主要原因。

对氨基糖苷类抗生素产生耐药的细菌往往是通过产生氨基糖苷类修饰酶对进入细菌细胞内的药物分子进行修饰使之失去生物活性而耐药。按酶功能可将氨基糖苷类修饰酶分成氨基糖苷磷酸转移酶（APH）、氨基糖苷核苷转移酶（ANT）和氨基糖苷乙酰转移酶（AAC）三类，目前已发现的有 30 余种。虽然氨基糖苷修饰酶有多种，它们仍然有些保守序列。这些序列常位于酶活性中心，序列改变可导致酶活性或底物谱的变化。

**3. 四环素类抗生素**　病原菌对四环素类抗生素的耐药机制包括五个方面：①外排泵蛋白作用；②核糖体保护蛋白作用；③灭活酶作用；④渗透性改变；⑤靶位修饰。

尽管四环素类药物耐药存在多种机制，而真正起主要作用的耐药机制是外排泵作用和核糖体保护作用。这两种机制是由于细菌获得了外源性耐药基因。其他机制虽可产生耐药性，但其发挥作用较小。

（1）外排泵蛋白作用　四环素类药物的外排作用主要由外排泵介导，而外排泵在敏感菌和耐药菌均有表达，编码外排泵的基因位于染色体或可遗传质粒中，但是外排泵可通过作用底物诱导外排泵基因在耐药菌中过表达，甚至某些外排泵只在作用底物的诱导下才能表达。外排泵使四环素类药物摄入减少或外排增加，主要是基于质子主动转运作用降低了胞内四环素的浓度。

在革兰氏阴性菌中，外排泵能将四环素及人工合成的四环素类（多西环素等）泵出胞外；而在革兰氏阳性菌中，外排泵也能将四环素泵出胞外，但不能将人工合成的四环素类药物（包括甘氨酰四环素）泵出胞外。

四环素类的主动外排系统可根据外排底物的种类分为单一特异性外排系统和多重非特异性外排系统。①单一特异性外排系统，在革兰氏阳性菌和革兰氏阴性菌中的 26 种不同种类的外排泵中，有 18 种为四环素类外排泵。②多重非特异性外排系统，除可以外排四环素类药物外，还可以外排其他药物，如红霉素、喹诺酮类等。

（2）核糖体保护蛋白作用　核糖体保护作用作为一种耐药机制最早在链球菌中发现，具有核糖体保护基因的细菌对四环素、多西环素中度耐药。四环素的作用机制是与 30S 亚基结合，阻止了肽链的延伸，抑制了细菌的生长。而耐药细菌可以产生一种核糖体保护蛋白（ribosomal protection proteins，RPPs），能促使已结合的四环素移位，缩短游离四环素的半衰期，从而弱化四环素的抑制作用，导致耐药性。

（3）灭活酶作用　对抗生素的修饰作用，即产生灭活或钝化四环素的酶。在有氧的条件下，它作为一种蛋白质合成抑制剂，对四环素类药物进行化学修饰使其失活。这种作用只存在于类杆菌（无芽孢厌氧菌）中，而在自然厌氧拟杆菌属中并不起作用。

（4）渗透性改变　当细菌细胞接触某种药物后，其渗透性可能会发生改变，常引起抗生素抗菌作用降低。渗透性降低对四环素耐药的产生也起到了一定作用。细菌的外膜结构因种属不同而差异很大，因此导致其对抗生素耐药程度也不同。当病原菌染色体基因突变使 ompF 等脱孔蛋白改变时，即对四环素产生耐药性。

（5）靶位修饰　靶位修饰能使病原菌对四环素类的敏感度显著

降低，从而产生耐药性。关于靶位改变介导四环素类药物耐药的研究表明，16S rRNA 的 1058 位点突变（G→C）可引起耐药。

## 二、主要水产养殖病原菌的耐药性

水产养殖病原菌种类较多，其耐药性产生的机制较复杂，但主要有天然耐药和获得性耐药两种。本节以主要淡水养殖动物病原菌——嗜水气单胞菌（*Aeromonas hydrophila*）和主要海水养殖动物病原菌——弧菌（*Vibrio*）的耐药机制为例予以阐述。

**1. 嗜水气单胞菌** 目前已经发现了对恩诺沙星有耐药性的嗜水气单胞菌菌株，但对其耐药性机制还了解甚少。采用转录组测序的方法比较分析对恩诺沙星敏感的嗜水气单胞菌和对恩诺沙星耐药的嗜水气单胞菌的转录组差异来寻找耐药基因。研究发现，嗜水气单胞菌对恩诺沙星的耐药性主要是通过影响多种生理功能如 ABC 转运蛋白、DNA 损伤修复、SOS 反应等产生，同时研究结果还表明嗜水气单胞菌对恩诺沙星的耐药机制可能与控制细胞内药物蓄积的 ABC 转运蛋白的增加和拓扑异构酶Ⅳ减少密切相关。

采用 PCR 方法检测 108 株分离自中国的鳗鲡及其养殖水体的耐药细菌中抗性基因及整合子的丰度情况，经鉴定共有 23 种不同的基因盒编码 8 类抗生素的耐药基因，大多数基因盒为编码氨基糖苷类和甲氧苄啶的耐药基因。水产养殖环境中耐药基因和整合子的分布广泛，表明可能存在过度使用抗生素的风险。

采用 K-B 纸片扩散法检测 28 株鱼源嗜水气单胞菌对 18 种抗生素的耐药性，利用 PCR 方法检测菌株多重耐药菌株整合子基因盒的分布及分子特征。结果表明，整合子基因盒在嗜水气单胞菌多重耐药性中发挥重要作用。Ⅰ类整合子基因盒以 *aadA*、*dfrA*、*catB* 家族为主，分别介导氨基糖苷类、甲氧磺胺嘧啶类和氯霉素类药物耐药；基因盒的排列以 *aadA2*＋*dfrA12* 类型为主。此外，Ⅰ类整合子基因盒阳性的嗜水气单胞菌多重耐药性在不同个体间也存在较大差异，提示多重耐药菌株的耐药表型与基因盒的类型无直接相关性。

选取对氟喹诺酮类药物敏感的养殖鱼源嗜水气单胞菌临床分离菌株为研究对象，体外诱导敏感嗜水气单胞菌耐药后，分析其敏感性变化与基因突变、外排作用的关系。结果发现，嗜水气单胞菌对氟喹诺酮类药物耐药存在靶基因位点突变及主动外排作用等多种耐药机制。

利用四环素类药物体外诱导嗜水气单胞菌耐药后，分析嗜水气单胞菌对四环素类药物敏感性的变化及其耐药机制。筛选临床分离嗜水气单胞菌的四环素类敏感株，$tetE$ 基因可能是介导嗜水气单胞菌分离株对四环素类药物耐药的优势基因，这为阐明嗜水气单胞菌对四环素类药物耐药机制及耐药性与耐药基因之间的关系提供了理论依据。

喹诺酮类耐药菌株 $GyrA$ 亚基 QRDR 氨基酸突变，可能是引起萘啶酸耐药的主要原因。临床分离嗜水气单胞菌 QRDR 区域的突变具有随机性，但靶位点 $GyrA$ 的 Ser83→Ile 以及 $ParC$ 的 Ser87→Ile 是最主要的突变方式，另外喹诺酮类药物耐药性的产生可能还与其他耐药机制存在关联。

**2. 弧菌耐药机制**     $qnr$ 基因是一种常见的耐药基因，溶藻弧菌、哈维弧菌（周维等，2016）均携带有喹诺酮类耐药基因 $qnr$。

根据相关序列设计溶藻弧菌（Vibrio alginolyticus）$qnr$ 基因特异性引物，利用 PCR 方法扩增基因序列，从溶藻弧菌染色体上获得的 $qnr$ 基因大小为 651 bp，编码 216 个氨基酸，通过进化分析可知其与副溶血弧菌有很近的亲缘关系，蛋白质二级结构分析含有五肽重复序列，三维结构与大肠杆菌质粒上的 qnr 蛋白空间结构极为相似。通过对蛋白质序列分析和结构预测，初步确定该基因为喹诺酮耐药基因。

根据 GenBank 中公布的哈维弧菌 $qnr$ 基因序列设计引物扩增哈维弧菌 $qnr$ 序列，将其插入 pET-32a 质粒，构建原核表达载体 pET32-qnr，并对诱导温度、时间、IPTG 浓度等条件进行优化。结果表明，哈维弧菌 $qnr$ 全长 651bp，编码 216 个氨基酸；重组蛋白优化条件为：28℃，IPTG 浓度 0.05 mmol/L，诱导 6 h。

# 第三章　水产养殖病原菌耐药性检测及防控

## 第一节　病原菌耐药性评价方法

药敏试验是一种体外试验，一般来说体外试验结果敏感，体内不一定敏感；而体外结果耐药，体内必然耐药。耐药试验的直接目的是指导临床用药，预测抗菌治疗的效果，更合理地选择抗生素。此外，耐药试验还是细菌耐药性监测和流行病学调查及耐药机制研究的重要手段。

### 一、纸片扩散法

纸片扩散法是临床实验室应用最为广泛的一种方法，其原理是将含有定量抗菌药物的纸片贴在已接种测试菌的琼脂平板上，纸片中所含的药物吸收琼脂中水分溶解后不断向纸片周围扩散，形成递减的梯度浓度，在纸片周围抑菌浓度范围内测试菌的生长被抑制，从而形成无菌生长的透明圈（即为抑菌圈）。抑菌圈的大小反映测试菌对测定药物的敏感程度，并与该药对测试菌的最小抑菌浓度（MIC）呈负相关关系。

用游标卡尺量取抑菌圈直径（抑菌圈的边缘应是无明显细菌生长的区域），抑菌圈内或围绕纸片周围只要有极少细菌生长，均提示为耐药。对另外一些菌，在抑菌圈内有散在菌落生长，则提示可能是混合培养，必须再分离鉴定及试验，也可能提示为高频突变株。根据美国临床与实验室标准协会（CLSI）制定的标准，对量取的抑菌圈直径作出"敏感""耐药"和"中介"的判断。

抑菌圈大小受培养基、药敏纸片及细菌悬液浓度等多种因素影响。为保证试验准确性，要求用参考菌株对试验结果进行质量控制。常用的参考菌株有大肠杆菌 ATCC25922，金黄色葡萄球菌 ATCC25923、29213、43300，铜绿假单胞菌 ATCC27853，大肠杆菌 ATCC35218（产 β-内酰胺酶株），粪肠球菌 ATCC29212、51299，肺炎链球菌 ATCC49619 等。这些菌株可向国家菌种保藏中心或临床检验中心购买。标准菌株与待检菌株测定方法相同，但其抑菌圈直径必须落在允许范围之内，同一株参考菌株对同一种抗生素的抑菌环直径在 30 次测定中超出范围的不应该超过 3 次，并且不得连续 3 次出现。

## 二、稀释法

稀释法耐药试验包括琼脂稀释法和肉汤稀释法两种。其基本原理是将配制好的不同浓度的抗菌药物与琼脂或肉汤混合，使琼脂或肉汤中的药物浓度呈依次递增或递减的测试系列，接种定量细菌后过夜培养，肉眼观察能抑制细菌生长的最低药物浓度为该药物的 MIC。稀释法比纸片扩散法应用范围广而且结果准确可靠。琼脂稀释法比肉汤稀释法有更多优点，如前者能同时测定多株细菌，能发现污染菌落，重复性也较高，适用于大量标本的检测。稀释法的主要缺点是操作技术误差较大，且烦琐耗时，不易于临床常规开展。药敏试验的结果报告可用 MIC（$\mu g/mL$）或对照 CLSI 标准用敏感（S）、中介（I）和耐药（R）报告。有时对于稀释法的批量试验需要报告 $MIC_{50}$、$MIC_{90}$。

## 三、E 试验

E 试验（epsilometer test）是一种结合稀释法和扩散法的原理，对药物的体外抗菌活性直接定量的技术。

E 试条是一条 5mm×50mm 的无孔试剂载体，一面固定有一系列预先制备的、浓度呈连续指数增长的抗菌药物，另一面有刻度和读数。抗菌药物的梯度可覆盖 20 个对倍稀释浓度范围，其斜率和浓度范围与折点和临床疗效有较好的关联。将 E 试条放在细菌接种过的琼脂平板上，孵育过夜，围绕试条出现明显可见的椭圆形抑菌圈，其边缘与试条相交点的刻度即为抗菌药物抑制细菌的 MIC。

使用厚度为 4mm 的 M-H 琼脂平板，用 0.5 麦氏浓度的对数期菌液涂细菌的平板表面，试条全长应与琼脂平板紧密接触，试条的 MIC 刻度面朝上，高浓度的一头（有 E 标记）靠平板外缘。找出椭圆形抑菌圈边缘与 E 试条的交界点值，即为 MIC 值。

### 四、自动药敏检测系统

自动药敏检测系统主要用于鉴定病原微生物的种属并能同时做抗菌药物敏感性试验，能为临床提供及时、准确的病原学诊断并帮助制订治疗方案，在使用自动分析系统时必须注意，其判断标准要根据 CLSI 标准的变化及时更新。目前国内外有多种微生物自动和半自动鉴定系列可供临床选择，VITEK、MicroScan、Sensititre、PHOENIX 系列在国内较为流行。

理想的病原菌自动药敏分析系统应符合以下要求：①快速，鉴定和药敏试验最好能在 2～8h 完成；②检测准确率高，且能检测所有常规细菌（葡萄球菌、非发酵菌和链球菌等需提高检测的准确率和分辨率）；③自动化和智能化程度更强，包括条形码识别功能、专家系统以及便于网络化的数据分析和储存系统；④成本低。

### 五、联合药敏试验

联合用药可能出现的 4 种结果：①无关作用，两种药物联合作用的活性等于其各自单独活性；②颉颃作用，两种药物联合作用的活性显著低于其单独抗菌活性；③累加作用，两种药物联合作用的活性等于两种单独抗菌活性之和；④协同作用，两种药物联合作用的活性显著大于其单独作用活性之和。

不同作用速度和机制的药物联合使用将会产生不同的增效作用。杀菌剂之间联合用药，如 β-内酰胺类药物与氨基糖苷类药物的联合，可增强抗菌作用，延迟耐药性的发生。

为了治疗多重耐药细菌所致的严重感染，预防或推迟细菌耐药性的发生，需要开展联合药敏试验。

联合药敏试验的方法包括：①纸片扩散法联合药敏试验，选择两种协同或累加作用药物的纸片贴于已涂布细菌的药敏平皿上，两纸片中心点距离约 24mm（根据两种药物单独作用被测菌所呈现的抑菌圈半径之和决定两纸片中心点距离），在合适条件下，35℃孵育 18～24h 后读取结果。②重叠纸片法，即将所选的两种药敏纸片，分别作单个和重叠纸片扩散药敏试验，比较重叠纸片抑菌圈直径与单个药物抑菌圈直径，判断两种药物是协同还是颉颃作用。③棋盘稀释法又叫方阵测试联合效果，是目前临床实验室常用的定量方法。它是利用肉汤稀释法的原理，首先测定出拟联合的抗菌药物对检测菌的 MIC，根据所得 MIC，确定药物稀释度。药物最高浓度为其 MIC 的 2 倍，依次对倍稀释。两种药物的稀释分别在方阵的纵列和横列进行，这样在每管中可得到浓度不同的两种药物的混合液。接种细菌后，35℃孵育 18～24h 观察结果，计算部分抑菌浓度（fractional inhibitory concentration，FIC）指数。

$$FCI = \frac{A\ 药联合时的\ MIC}{A\ 药单测定时的\ MIC} + \frac{B\ 药联合时的\ MIC}{B\ 药单测定时的\ MIC}$$

判断标准：FIC 指数≤0.5 为协同作用；0.5～1 为相加作用；1～2 为无关作用；≥2 为颉颃作用。

## 第二节　水产养殖病原菌耐药因子检测方法

利用分子生物学技术可以检测耐药因子，来评价水产养殖动物病原菌的耐药状况及其分型。与传统药敏试验比较，分子生物学技术检测耐药因子有许多优点：①能够揭示耐药本质特征，避免了耐药表型相互交叉等影响。②不需要分离、纯化、培养微生物，使测定时间缩短。③能直接测定危险性比较大、难培养甚至还不能体外培养的微生物的耐药性。④减少或避免了微生物的生长状态、培养基的成分差异、接种量的大小、药物浓度和种类等因素对试验结果的影响。⑤与传统的耐药性检测方法结合，可以更准确地判定试验结果。

尽管已经开展了许多工作，但至今耐药性的分子生物学检测并未建立起临床检测标准，主要原因如下：①大量病原菌耐药机制尚不明确；②病原菌的种类与耐药机制不是一一对应的关系，增加了工作难度；③耐药基因不一定具有临床表型；④耐药性特异性弱。尽管如此，分子生物学技术在耐药性检测中的作用仍然不可低估。

## 一、耐药因子分子生物学检测技术

**1. 核酸分子杂交** 单链的核酸分子在合适的条件下与具有碱基互补序列的异源核酸形成双链杂交体的过程称作核酸分子杂交。

将一种核酸单链标记成为探针，再与另一种核酸单链进行碱基互补配对，形成异源核酸分子的双链结构，这一过程称为杂交。核酸分子单链之间的互补碱基序列，以及碱基对之间非共价键的形成是核酸分子杂交的基础。根据杂交核酸分子的种类，可分为 DNA 与 DNA 杂交、DNA 与 RNA 杂交、RNA 与 RNA 杂交；根据杂交探针标记的不同可分为放射性核素杂交和非放射性物质杂交；根据介质不同可分为液相杂交、固相杂交和原位杂交。

探针是指所有能与特定的靶分子发生特异性的相互作用，并可以被检测到的分子。核酸探针是指能与靶核酸序列发生碱基互补杂交，并能与其标记被特异性检测的核酸分子。任何一种核酸都可作为探针，如双链 DNA、单链 DNA、寡核苷酸、mRNA 以及总 RNA。探针可以是单一的核酸，也可以是多种核酸的混合物。DNA 和 RNA 探针长度通常为 400～500bp。探针的最小长度取决于其靶序列的复杂性。探针标记物可以是放射性标记和非放射性标记。非放射性标记探针多为生物素、地高辛或荧光素标记。

**2. 聚合酶链反应技术** 聚合酶链反应（polymerase chain reaction，PCR）是一种体外特定核酸序列扩增技术。PCR 利用反应体系中的 4 种 dNTP 合成其互补链（延伸），变性—复性—延伸的循环完成后，一个分子的模板被复制为两个分子，反应产物的量以指数形式增长。PCR 反应体系包括：模板（template）、引物（primer）、脱氧核苷三磷酸（dNTP）、耐热 DNA 聚合酶（如 TaqDNA 聚合酶等）、反应缓冲液等。

以 PCR 为基础的相关技术包括反转录 PCR（reverse transcription PCR，RT-PCR）、巢式 PCR（nested PCR）、多重 PCR（multiplex PCR）、定量 PCR（quantitative PCR）、原位 PCR 原位、差异显示 PCR（differential display PCR，DD-PCR）、连接酶链反应（ligase chain reaction，LCR）等。

PCR 完成以后须对扩增产物进行分析，PCR 产物的分析方法包括聚合酶链反应限制性片段长度多态性（polymerase chain reaction restriction fragment length polymorphism，PCR-RFLP）检测、等位基因特异性寡核苷酸（allele specific oligonucleotide，ASO）技术、变性梯度凝胶电泳、融点曲线分析（melting curve）等。

**3. 基因芯片技术**　基因芯片（gene chip）又称 DNA 芯片，是根据核酸杂交的原理将大量探针分子固定于支持物上，然后与标记的样品进行杂交，通过检测杂交信号的强度与分布进行分析。该方法具有技术较成熟、灵活性高、成本低、速度快等特点。

## 二、常见耐药基因的检测方法

**1. 已知耐药基因的检测**（以耐甲氧西林葡萄球菌耐药基因检测为例）　耐甲氧西林葡萄球菌（MRS）目前已成为世界范围内的一个公共卫生问题，由于抗生素的广泛应用，MRS 的检出率呈增高的趋势。关于 MRS 耐甲氧西林的机制，现在较清楚的是 MRS 产生了一种低亲和力的青霉素结合蛋白 PBP2a（β-内酰胺类抗生素的结合靶位），因而导致 β-内酰胺类抗生素耐药。该蛋白由 *mecA* 基因编码，所以检测 *mecA* 基因有助于 MRS 的检出。

设置阳性对照菌株（MRS）、阴性对照菌株（MSS）及待测菌株。设计引物序列：上游引物 5'-AAAATCGATGGTAAAGG

TGGGC-3',下游引物5'-AGTTCTGCAGTACCGGATTTGC-3'。

提取 DNA 后，PCR 扩增。阳性对照结果（MRS）应在 533bp 处出现特异性条带，阴性对照（MSS）结果应无任何条带，当这两个结果符合设计时，再观察待测菌株，如待测菌株于 533bp 处出现特异性条带，则判为 *mecA* 基因阳性，否则判为阴性。*mecA* 基因或产物（PBP2a）阳性，即可判断为 MRS。

**2. 未知耐药基因的检测**　获得性耐药一般有两个原因，其一是发生了基因突变，其二是获得了外源耐药基因。突变是一种自然现象，一种突变是否与耐药性有关需要正反两方面的证明才能确认。常用单链构象多态性检测、梯度凝胶电泳、DNA 测序、裂解片段长度多态性检测和 Southern 印迹技术等方法检测未知耐药突变。

## 第三节　耐药病原菌的实验室选择和 生物被膜模型

开展病原菌耐药机制的研究，获得具有稳定耐药特性的菌株和建立适当的生物被膜模型是前提条件。

### 一、耐药病原菌的实验室选择

耐药病原菌主要有三个来源：①临床药敏试验发现；②从大量病原菌中筛选；③诱导耐药性突变而来。一个值得研究的耐药病原菌株要符合三个基本要求：①源于单细胞克隆；②生物学背景清楚；③耐药性稳定。选取单菌落连续传代 3 次，可满足细菌来源于单细胞克隆的要求。如果病原菌在无抗生素培养基中传代 2 次后耐药性不变，说明细菌的耐药性不是适应性反应，而可能有深刻的遗传背景。突变来的病原菌可能发生回复突变，需要做好留存样品的工作，防止病原菌的耐药性进一步变异。

**1. 直接选择法**　直接选择法是设计一定的条件，使突变病原菌株易于生长，而正常病原菌株被抑制或被杀死的一种方法。从大量敏感病原菌群中选择耐药病原菌株时多采用这种方法。在培养基中加入高于敏感菌 MIC 浓度的抗菌药物，将病原菌接种其中，只有耐药病原菌才能在这种培养基中生长。具体方法包括琼脂平板直接选择法和梯度平板直接选择法。

琼脂平板直接选择法适用于耐药程度变化显著的快速生长菌：①选取几个高于 MIC 的抗生素浓度，在适当条件下加入琼脂培养基中。②取过夜培养的肉汤培养物 1mL 加入已融化并冷却至 46～50℃ 的琼脂培养基中，倾倒数个平板；或取 0.1～0.2mL 肉汤培养物加到含抗菌药物的琼脂平板表面。③接种后的培养基置于 35℃ 培养 72h，培养期间经常观察细菌生长情况，发现耐药菌落后用接种针挑取单个菌落在肉汤培养基中研磨成乳状，取一环接种于无抗菌药物的琼脂平板上过夜培养。④选取单个菌落，测定它对试验所用抗菌药物的耐药性，同时用野生敏感株做平行对照。如果在无抗菌药物的培养基中 2 次传代后耐药性不变，其他性状与亲代细胞相同，并且原始培养物源于 1 个细胞，则该菌很可能是一个突变耐药株。

梯度平板直接选择法是选择低水平耐药突变株的方法，即在一个平板培养基上建立连续的抗菌药物浓度梯度。有些高水平耐药株需要几个低水平耐药突变步骤，本方法同样适用。把无菌培养皿倾斜约 20°，加入已冷却到 46～50℃ 的营养琼脂，加入的量要适当，使营养琼脂恰好覆盖平皿底部的最高处（图 3-1）。待琼脂凝固后，将平皿水平放置，加入等量含一定浓度抗菌药物的营养琼脂。这样上层的抗菌药物向下层扩散，就会在平皿上形成连续的抗菌药物浓度梯度。

梯度平板的接种方法有两种，一种是取菌悬液从低浓度抗菌药物一端向高浓度一端连续划线；另一种是在待倾注的第二层琼脂中加入 0.1mg 过夜培养的肉汤培养物，混匀后倾注于第二层表面。接种后的梯度平板过夜培养后，随着抗菌药物浓度的提高，生长的菌落越来越少，耐药程度越来越高。为筛选出高水平耐药株，制备梯度平板时可以逐渐提高抗菌药物浓度（一般为上次浓度的 2～5

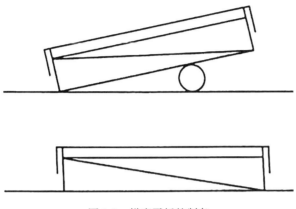

图 3-1 梯度平板的制备

倍），将上次选择出的耐药株接种于较高浓度的梯度平板上，如此反复即可达到目的。同样，为保证检出率，每次接种都应平行接种几个平板。

除上述两种方法外，也可以在液体培养基中选择耐药病原菌，这种方法相当于用肉汤稀释法连续测定 MIC。在含系列抗菌药物浓度的肉汤培养基中加入定量的细菌，在 35℃ 条件下培养 24h 后，以病原菌能够生长的最高药物浓度管为样品，接种到含药浓度更高的第二系列肉汤培养基中，继续培养 24h，依此类推，直到发现高水平耐药株为止。最后把最高药物浓度中仍能生长的细菌传代于无抗菌药物的培养基中分离出单个菌落，鉴定细菌种类、重新确定病原菌耐药性。这种方法能选择出需要多步突变才能表达高水平耐药的病原菌。

**2. 诱变法** 微生物基因在理化诱变剂的作用下会发生突变，如果突变发生在耐药基因及其相关区域就可能引起耐药性的变异。实验研究中将病原菌暴露于诱变剂一定时间后，用选择培养基进行培养就可能选择出耐药微生物，并对其进行研究。这种方法有助于人们对耐药性的理解，不过诱变和自发突变并不完全相同，只有经过严格的实验、推理和比较才能确定诱变性耐药的临床意义。人们一般用诱变方法研究自发突变率较低的微生物的耐药性。常用的物理方法是紫外线照射，常用的化学方法较多。以亚硝基胍诱变病原菌为例，主要步骤包括：①将病原菌的过夜培养物接种于适宜的肉汤培养基中，35℃培养到对数生长期的中期。②沉淀病原菌细胞，将细菌重悬于 2.5mL 含 N-甲基-N'-硝基-N-亚硝基胍 $100\mu g/mL$ 的肉汤培养液中，35℃培养适当时间（肠球菌 30min 即可）。③用肉汤培养基彻底洗涤病原菌细胞，然后进行适当稀释，接种于含抗菌药物的选择性平板上，35℃继续培养 24h，测定生长细菌的 MIC 和耐药情况。④确定病原菌的耐药水平和稳定性。

## 二、生物被膜模型

一些细菌如铜绿假单胞菌、葡萄球菌等可以附着于惰性或者活性实体物质表面，并分泌多糖、纤维蛋白、脂蛋白等物质，将细菌细胞包绕其中形成被膜状细菌群落，这就是生物被膜。生物被膜的形成使其生物学特征与浮游状态下有显著性差异，使细菌对环境变化的敏感性大大降低，能够逃避宿主的免疫作用，避免抗菌药物的杀伤作用，表现出耐药特征，且其感染不易彻底清除，是临床上形成难治性慢性感染的重要原因之一。生物被膜的研究已经深入到基因水平，有关的知识主要得益于体内外实验模型的建立，通过对比药物的有无及不同浓度药物对生物被膜的结构、功能和膜内细菌的影响，可以对生物被膜的生理特性、耐药机理和药物的作用机制进行研究。生物被膜的研究主要包括体外模型和体内模型。

生物被膜的形态鉴定可根据条件选用不同的显微镜（包括扫描电镜、透射电镜、激光共聚焦扫描显微镜等）直接观察新鲜、原生态的生物膜状态，若结合适当的荧光染料观察生物膜，效果更佳。样本经银染色及结晶紫染色后，用普通显微镜观察，也可取得较好的效果。

对生物膜的定量分析一般通过计数膜上的活菌数和细菌产生的多糖蛋白复合物的含量来进行，主要包括超声波活菌计数法、MTT（四甲基偶氮唑蓝）细菌计数法和多糖蛋白复合物测定方法等。

## 第四节 水产养殖病原菌耐药性防控

### 一、耐药突变选择窗理论及耐药性防控

**1. 防耐药变异浓度和耐药突变选择窗** 防耐药变异浓度（mutant prevention concentration，MPC）是指防止耐药的抗菌药物浓度阈值，即防止细菌产生耐药性的抑制细菌生长的药物浓度，它能反映药物抑制细菌发生耐药突变的能力。抑菌药物浓度达到 MPC 以上时细菌必须同时发生两处耐药突变才能生长，该概率极低（仅为 $10^{-14}$）。抗菌药物浓度在 MPC 之上时细菌大部分被杀死，基本不可能产生耐药突变菌株。

最小抑菌浓度（minimum inhibitory concentration，MIC），是测定抗菌药物抑制细菌活性大小的指标。而当药物浓度介于 MPC 与 MIC 之间时，即便有很高的概率抑制甚至杀灭细菌，也很容易出现耐药突变体，介于这两者之间的浓度范围就是耐药突变选择窗（mutant selection window，MSW）。

**2. 基于 MSW 理论的防耐药用药策略** MSW 理论认为，当药物浓度在 MPC 之下并且在 MIC 之上的时候，才会导致细菌耐药突变体的选择性富集并且产生抗性。因此可以通过选择使用低 MPC、窄 MSW 的药物，调整用药方案或是通过药物的联合使用缩小或关闭 MSW。缩小或关闭 MSW 将会有极少甚至不会有耐药突变体产生，可以将选择性突变菌株扩增的概率降到最低。因此，防耐药策略上，一是可以通过使药物浓度快速达到峰值并且在最短的时间内通过 MSW，将血浆药物在 MSW 的滞留时间缩到最短，使其处于 MPC 以上的时间延长到最长，以达到最大限度地缩短突变选择时间的目的。二是缩小 MIC 与 MPC 的差距，缩小或者关闭 MSW。三是采取联合用药的方法，因为当两种或多种不同作用机制的药物同时存在于细菌生存的环境中时，细菌要继续生长必须同时发生两种及以上的耐药突变，而发生两种及以上的突变的概率极低，这样就可以最大限度关闭 MSW 以抑制细菌，同时防止耐药菌株的

产生。

联合用药是除了保证药物达到合适的药物浓度（MPC）之外的另一种经常采用的防耐药用药策略。单一药物治疗的关键是组织或血液药物浓度要高于药物用药安全剂量的 MPC，并且在 MSW 以上的时间越长越好。然而在联合使用几种作用机制不同的药物时，由于临床安全剂量难以达到各自的 MPC，因此可以通过匹配 24h 用药时曲线下面积（$AUC_{24}$）与 MIC 的比值（$AUC_{24}/MIC$）来关闭 MSW，这样可以在达到理想的治疗效果的同时尽量避免耐药突变体的出现。

## 二、基于中草药的耐药防控

近年来，中草药在抑菌机制及防耐药用药策略方面的应用也有了较系统的研究进展。

**1. 消除耐药性质粒**（resistant plasmid，R 质粒）　通过消除细菌的 R 质粒可以恢复细菌对抗菌药物的敏感性。大量研究结果表明，中草药对消除细菌 R 质粒的效果良好，而且中草药对 R 质粒的消除作用在体内明显强于体外。

中草药黄芩、黄连两者联用效果明显，可使 R 质粒消除率提高 10 倍以上。不同组分的中草药对 R 质粒消除率也不同，如从艾叶中得到的乙醇提取物对 R 质粒的消除率可达 69.4％，从艾叶中提取的挥发油对 R 质粒的消除率可达 16.67％。中草药千里光对大肠杆菌 R 质粒消除作用显著，且含药血清消除率达 14.9％，明显强于其水浸液。从 R 质粒消除的表型来看，经千里光水浸液作用后，细菌均表现为单一耐药性的丢失，而含千里光血清对其消除作用表现为多重耐药性的丢失，其中以四环素的耐药性消除最多。大蒜油等对大肠杆菌氨苄青霉素的耐药性有明显的消除作用。

**2. 抑制细菌主动外排泵**　主动外排机制是多数耐药菌耐药性产生的原因之一，也是细菌多重耐药性产生的原因之一。中草药可以通过抑制多种外排泵的活性使耐药菌恢复对药物的敏感性。浙贝母、射干、穿心莲和菱角等 4 种中草药提取物可以抑制外排泵介导的金黄色葡萄球菌的耐药性，并可以在不同程度上对金黄色葡萄球菌的耐药性产生逆转作用。*adeABC* 基因的过度表达导致鲍曼不动杆菌对环丙沙星产生耐药性，从中草药萝芙木根中提取的生物碱利血平对外排泵基因 *adeABC* 的表达有抑制作用，从而使鲍曼不动杆菌部分恢复对环丙沙星的敏感性。

**3. 抑制超广谱 β-内酰胺酶**（ESBLs） 部分中草药可以抑制产 ESBLs 细菌菌株水解抗菌药物，使其恢复对抗菌药物的敏感性。黄芩、黄檗、黄连、连翘、千里光这 5 种中草药的提取物可以抑制产 ESBLs 细菌的抗药性，与其他 4 种药物相比，黄芩抑菌效果更好。三黄汤、黄连解毒汤、五味消毒饮可以逆转产酶大肠杆菌的抗药性。

**4. 抑制耐药基因的表达** 提取蟾酥皮肤腺及耳后腺分泌的白色浆液，其水提液和醇提液在与含有耐药基因 *TEM* 和 *CTX-M-9* 的大肠杆菌作用 5d 后，可使细菌耐药基因的 mRNA 表达丧失，失去翻译蛋白质的功能，恢复了细菌对药物的敏感性。

**5. 中草药抑制耐药性产生的作用机理与用药策略** 目前对中草药抑制耐药性产生的作用机理尚了解不多，但近年来也开展了相关研究工作，初步探明了相关作用的信号通路，筛选出关键性基因。

为了延缓主要淡水养殖病原菌——嗜水气单胞菌对恩诺沙星的耐药性，以嗜水气单胞菌 ATCC7966 为研究对象，评价了其对恩诺沙星、氟苯尼考、盐酸多西环素、复方磺胺间甲氧嘧啶钠和硫酸新霉素等抗菌药物的敏感性；并以恩诺沙星为受试药物，对 ATCC7966 进行低浓度耐药性诱导，获得 MIC 提高了 128 倍的耐药性菌株。选择具有抑菌作用的茉莉花、薄荷叶、连翘等 26 种中草药对嗜水气单胞菌耐药性进行延缓试验，结果显示，板蓝根、射干、苦参、大青叶、车前草、连翘、黄芩及艾草 8 种中草药均具有延缓嗜水气单胞菌对恩诺沙星耐药效果。进而对其进行复筛，结果表明，连翘延缓耐药性的作用效果最为显著，经过 20 代接种后，连翘实验组的耐药性只上升了 2 倍（对照组上升了 16 倍）。

利用转录组分析方法，分析了连翘延缓嗜水气单胞菌对恩诺沙星的耐药机理，将 ATCC7966 作为参考基因组。差异基因通过 GO 功能注释到细胞功能、生物学过程和分子功能，分析结果显示，连翘影响了耐药菌的细胞过程、膜部分、催化、代谢、分子功能与转运过程。KEGG 分析结果表明，差异基因主要富集在细菌的代谢、ABC 转运代谢、碳氮代谢、细菌趋化等过程，连翘也显著影响了耐药菌的三羧酸循环、糖酵解及氨基酸的生物合成途径。总之，连翘影响了嗜水气单胞菌耐药菌的多个生物学过程，推测主要通过氨基酸代谢、糖酵解、碳氮代谢途径，以及与耐药菌应激相关的ABC 转运、趋化性途径影响耐药菌的生长，达到对耐药性控制的效果。

为探讨连翘 3 种主要有效成分对嗜水气单胞菌耐药菌的作用效果，及其对药物主动外排系统中耐药节结化细胞分化家族（resistant nodule cell differentiation family，RND）的影响，测定了连翘及其与恩诺沙星联合作用对嗜水气单胞菌耐药菌的 MIC 的变化及其生长情况的影响，以及连翘 3 种主要有效成分（连翘苷、连翘酯苷 A 和连翘酯苷 B）作用于嗜水气单胞菌前后耐药程度的变化；利用相对实时荧光定量的方法，检测了 RND 关键的 3 个调控基因 $aheA$、$aheB$、$aheC$ 表达量的变化。结果显示，与连翘、恩诺沙星单品相比，两者联合作用可以更大程度地抑制耐药菌生长；连翘 3 种有效成分对耐药菌均有不同程度的抑制作用，并且随其浓度的不同而作用效果迥异，其中 $1.0\mu g/mL$ 连翘酯苷 A 的作用效果最为显著；且连翘酯苷 A 作用后 RND 的 3 个基因均下调，其中 $aheA$ 基因差异最显著。总之，可将连翘和恩诺沙星联合使用对嗜水气单胞菌耐药性进行防控，连翘酯苷 A 可显著抑制恩诺沙星耐药性的产生，此结果为细菌耐药性的防控及连翘延缓耐药性作用机制的研究提供了理论依据。

# 第四章 我国水产养殖病原菌 耐药性状况

耐药性状况主要依据病原菌对药物的敏感性——最小抑菌浓度（minimal inhibitory concentration，MIC）或最小杀菌浓度（minimal bactericidal concentration，MBC）来评价。

针对我国主要水产养殖区的主要渔用药物的耐药性状况进行调查，发现我国渔用药物的耐药性呈现如下特点：①水产动物病原菌广泛携带耐药基因的整合子，且多重耐药菌株普遍。②来源于鱼、虾、龟鳖等水产动物的气单胞菌均对主要渔用药物的耐药率较高。不同来源、不同地区相同病原菌耐药性有一定的差异。③复合水产养殖环境有可能有利于耐药菌从畜禽向水产养殖环境转移。

## 第一节 主要水产养殖区的 耐药谱及其差异

### 一、东北地区

在东北地区主要针对鲑鳟鱼类及大宗淡水鱼类等品种的致病性细菌的耐药性开展了分析。

从患病施氏鲟体内分离到的鲁氏耶尔森菌（*Yersinia ruckeri*）对恩诺沙星（enrofloxacin）、环丙沙星（ciprofloxacin）、四环素（tetracycline）等 10 余种药物敏感。

从濒死的西伯利亚鲟（*Acipenser baerii*）心、肝、肾、脾等组织中分离到致伤弧菌（*Vibrio vulnificus*）6 株、豚鼠气单胞菌（*Aeromonas caviac*）5 株、温和气单胞菌（*Aeromonas sobria*）5 株、亲水气单胞菌（*Aeromonas hydrophila*）4 株。上述菌株均对多黏菌素 B、青霉素等 6 种药物较敏感；对红霉素、四环素等 6 种药物耐药，仅有部分菌株表现出不同程度的耐药性及敏感度的变化。

从患病辽宁银鲑和牡丹江大西洋鲑中分离得到 89 株病原菌，其中 92.13％和 96.63％的菌株对氨苄青霉素和阿莫西林具有很强的耐药性，有 91.10％、92.13％、91.01％和 94.38％的菌株分别对庆大霉素、卡那霉素、环丙沙星和恩诺沙星敏感，不同地区相同病原菌对抗生素的敏感程度有一定程度的差异。

从淡水鱼主养区患病鲤体内分离并鉴定得到的 15 株致病性嗜水气单胞菌，表现出较均一的耐药性及敏感度：对多黏菌素 B 较敏感，而对苯唑青霉素、替考拉丁、氨苄青霉素和林可霉素耐药性极强，但仍有部分菌株表现出不同程度的耐药性及敏感度的变化。

从鲤、鲫、草鱼、大西洋鲑等鱼体内分离到 16 株病原菌（包括维氏气单胞菌、嗜水气单胞菌、温和气单胞菌和杀鲑气单胞菌等），对氨苄青霉素、青霉素 G、阿莫西林、三甲氧苄氨啶、复方新诺明、磺胺甲基异噁唑、氯霉素、利福平具有较高的耐药性，耐药率达 95％以上，对氟喹诺酮类药物普遍较敏感，不同菌株之间的耐药谱存在很大差异。

从长春市场及养殖场的淡水鱼样品中分离获得 36 株大肠杆菌，它们对头孢类抗生素、青霉素类抗生素、四环素和复方新诺明耐药性相对较高，耐药率不低于 22％。9 株分离株检测到四环素耐药基因 $tetA$，13 株 ESBLs 表型菌株检测到 1 群 $bla_{CTX-M}$ 基因。ESBLs 表型菌株的血清型中 O164 为优势血清型。

## 二、华东地区

在华东地区主要对淡水养殖致病菌——嗜水气单胞菌和海水养殖致病菌——弧菌开展了监测。

采用 ERIC-PCR 方法对 49 株分别采集于浙江、江苏、江西、湖北、上海等主要淡水养殖区的致病性嗜水气单胞菌进行了基因分型，并分析了嗜水气单胞菌对 12 种抗生素的耐药模式，探讨了嗜水气单胞菌的基因型与区域性分布及其耐药性的关联性。实验结果表明，50株受试嗜水气单胞菌菌株可分为Ⅰ、Ⅱ、Ⅲ、Ⅳ、Ⅴ、Ⅵ、Ⅶ、Ⅷ、Ⅸ、Ⅹ、Ⅺ、Ⅻ这12个基因型，其中Ⅷ型菌株最多，Ⅲ型和Ⅹ型菌株最少。此外，50株受试菌株对氨苄青霉素（AMP）的耐药率高达100%，对头孢氨苄（CX）的耐药率高达98%，94%以上的菌株对氨基糖苷类及喹诺酮类抗生素未产生耐药性。受试菌株对12种抗生素呈现出AMP、CX/AMP、CX/AMP/POL（多黏菌素）、CX/AMP/SMZ（复方新诺明）、CX/AMP/NM（新霉素）、CX/AMP/SMZ/POL、CX/AMP/SMZ/POL/GM（庆大霉素）这7种不同的耐药模式，其中Ⅻ型菌株的耐药谱均为CX/AMP/POL型，Ⅱ型和Ⅺ型菌株的耐药谱多为CX/AMP/SMZ型，Ⅳ型、Ⅵ型和Ⅷ型菌株的耐药谱多为CX/AMP型，Ⅹ型菌株的耐药谱为CX/AMP/NM型。据此推测，嗜水气单胞菌基因型与耐药性可能存在一定的相关性（图4-1，图4-2）。

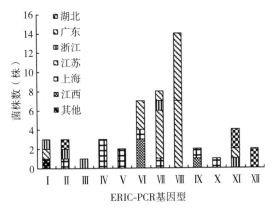

图4-1 嗜水气单胞菌 ERIC-PCR 基因型与分离
地域间的关系

采用微量二倍稀释法检测三氯异氰尿酸和苯扎溴铵对198株海水养殖源弧菌的体外抑菌效果。结果表明，海水养殖源弧菌对三氯异氰尿酸和苯扎溴铵产生明显的抗性。

2010年收集自上海、江苏、海南等地海水养殖区域内的184

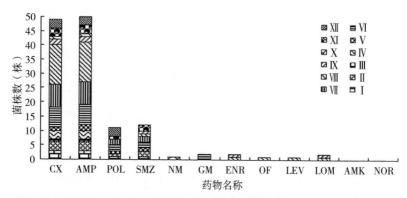

图 4-2　50 株嗜水气单胞菌 ERIC-PCR 基因型与对 12 种抗生素耐药性间的关系

　　CX. 头孢氨苄　AMP. 氨苄青霉素　POL. 多黏菌素　SMZ. 磺胺甲噁唑　NM. 新霉素　GM. 庆大霉素　ENR. 恩诺沙星　OF. 氧氟沙星　LEV. 左旋氧氟沙星　LOM. 洛美沙星　AMK. 阿米卡星　NOR. 诺氟沙星

株弧菌对喹诺酮类、氯霉素类、磺胺类、氨基糖苷类、β-内酰胺类、大环内酯类及利福霉素类等常见药物均有不同程度的耐药。对抗生素的耐药率分别为：新生霉素 64.7%、复方新诺明 57.6%、恩诺沙星 54.3%、利福平 54.3%、卡那霉素 45.7%；对氯霉素类和红霉素的耐药率则维持在较低水平，分别为 8.2%、10.3% 和 9.2%。菌株交叉耐药和多重耐药现象严重，对 1 种以上药物产生耐药的菌株占 100%；对 2 种以上药物产生耐药的菌株占 93.5%；对 3 种以上药物耐药的菌株占 80.4%；对 4 种以上药物耐药的菌株占 49.5%；对 5 种以上药物耐药的菌株占 26.6%；对 6 种以上药物耐药的菌株亦有 3.8%。

　　2015 年 8 月至 2016 年 5 月期间，从江苏盐城地区主要水产养殖品种中分离纯化收集了 232 株嗜水气单胞菌。这些菌株对头孢类药物敏感，对青霉素类和磺胺类药物表现高耐药性，对四环素类及喹诺酮类药物中度敏感。

　　2006—2009 年，监测了江苏省主要水产养殖病原菌的耐药率变迁状况，结果显示，分离菌株以革兰氏阴性菌为主，占 92.2%，主要集中在弧菌科的 3 个属——弧菌属、气单胞菌属和邻气单胞菌属，其中以气单胞菌属最多。各属病原菌对喹诺酮类、氯霉素类、磺胺类、氨基糖苷类、四环素类及 β-内酰胺类等常见药物均有不同程度的耐药性。耐药率总体呈逐年上升趋势，高达 62.5% 的菌株对喹诺酮类药物耐药，菌株对氯霉素类和四环素类的总体耐药率则维持在较低水平，分别为 11.85% 和 10.35%。交叉耐药、多重耐药现象严重，超过 98% 的分离菌株至少有 1 种耐药标记，有 3 种耐药标记的接近 75%。

从连云港市赣榆区的 3 个典型的水产养殖区采集样品，共筛选耐氨苄青霉素菌 66 株，经生理生化及 PCR 鉴定得到 17 株哈维弧菌。药敏试验显示，全部哈维弧菌均具有多重耐药性，至少对 3 种以上的抗生素产生明显抗性，对头孢类抗生素耐药率高，对喹诺酮及酰胺醇类抗生素较为敏感，被检测的哈维弧菌均携带 TEM 型 β-内酰胺酶。

从连云港周边沿海海水及海产品中分离的副溶血弧菌对庆大霉素、甲氧苄啶、四环素、头孢拉定、头孢、头孢曲松、氯霉素、多西环素较为敏感，耐药率低于 10%；对呋喃妥因和氨苄青霉素的耐药率在 60% 以上。

从上海地区病鱼中分离的 9 株病原菌对青霉素类、磺胺类、红霉素及链霉素高度耐药；对氯霉素、头孢他啶、庆大霉素、妥布霉素的敏感率为 100.0%；对氟苯尼考、头孢氨苄、卡那霉素、阿米卡星、阿奇霉素、四环素类、环丙沙星、莫西沙星、呋喃妥因的敏感率为 88.9%；对新霉素、恩诺沙星的敏感率为 77.8%。其中，$gyrA$ 基因检出率为 66.7%，$qnrS$ 基因检出率为 22.2%，未检测到 $qnrA$ 基因。上述结果说明上海地区鱼源病原菌对喹诺酮类药物已在基因水平呈现出一定程度的耐药性。

从鳖、草鱼、鲫、蛙、团头鲂和三角鲂分离纯化到的 15 株嗜水气单胞菌耐药现象较为严重，对恩诺沙星、四环素、多西环素和利福平耐药率均超过 40%，对四环素和多西环素有较为密切的交叉耐药现象。

经测定发现，鱼类 3 种病原气单胞菌（嗜水气单胞菌、杀鲑气单胞菌、维氏气单胞菌）对青霉素 G、苯唑青霉素、氨苄青霉素、克林霉素、杆菌肽等 5 种药物表现出基本一致的耐药性，对万古霉素、四环素、多西霉素等 3 种药物存在敏感与耐药的种间差异性。

## 三、华南地区

从九龙江流域表面水样中分离的 191 株耐药细菌均具备多重耐药性，对 19 种抗生素具有较高的耐药率，特别是 β-内酰胺类、磺胺类、氯霉素类、大环内酯类和利福霉素类药物。在这 191 株细菌中，1 型整合子普遍存在，但只有 5 株检测到 2 型整合子，没有检测到 3 型整合子。这些 1 型整合子的可变区共有 30 种基因盒阵列，在其中 65 株细菌中发现了 9 种新型基因盒阵列，7 株细菌为空整合子。这 30 种基因盒阵列共涉及 34 种基因盒，包括 25 种抗性基因、6 种编码未知功能蛋白的基因、2 种类似转座酶基因和 1 种尚未见报道的新型基因盒。5 株 2 型整合子的基因盒阵列都为 dfrA1-sat2-aadA1。九龙江流域表层水体环境中耐药细菌的种类较多，而且携带耐药基因的整合子分布较为广泛。

从鳗及其养殖水体分离纯化得到 108 株细菌，分别属于气单胞菌属、柠檬酸杆菌属、不动杆菌属等 20 个属；其中，93.5% 的菌株对 3 种（含）以上的抗菌药物具有耐药性，86.1% 的菌株对 3 类（含）以上的药物具有抗性。菌株对阿莫西林的耐药率高达 90.7%，对四环素、利福平以及磺胺类和酰胺醇类药物的耐药率为 60%～80%，对头孢噻肟、新霉素以及喹诺酮类的耐药性弱（低于 20%）。鳗肠道（0.40）、表皮（0.41）、鳃部（0.42）及水样（0.47）菌群的多重耐药指数显示各生态样品耐药程度较为严重，尤以水样最严重。各菌属中，柠檬酸杆菌属（0.58）和克雷伯菌属（0.61）的多重耐药指数最高，而不动杆菌属（0.21）则相对较低。鳗及养殖水体普遍存在多重耐药菌株，动物及养殖环境耐药细菌对某些水产用药物如新霉素等的耐药率低（图 4-3、图 4-4）。

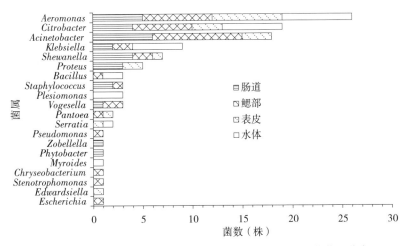

图 4-3 鳗的鳃部、肠道、表皮及其养殖水体中耐药细菌菌属分布

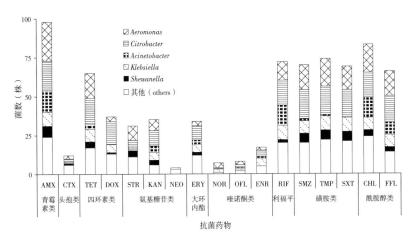

图 4-4 鳗及其养殖水体分离耐药菌株对 17 种抗菌药的耐药率

从福建水产养殖场分离纯化的 108 株耐药细菌中，有 86 株（79.6%）和 47 株（43.5%）分别携带 1 型整合子和 ISCR1 元件，均携带这两种上下游保守区的耐药细菌则有 26 株（24.1%），其中 16 株（14.8%）耐药细菌成功地扩增出上下游可变区，分布于 8 属 9 种。进一步对 ISCR1 上下游序列的拼接和分析表明，这 16 株

细菌携带两种类型的复合 1 型整合子：①intI1-aac（6′）-Ib-cr-arr-3-dfrA27-aadA16-qacEΔ1-sul1-ISCR1-sdr-qnrB6-qacEΔ1-sul1（15 株）② intI1-aac（6′）-Ib-cr-arr-3-dfrA27-aadA16-qacEΔ1-sul1-ISCR1-sapA-like-qnrB2-qacEΔ1（truncated）-sul1（1 株，肺炎克雷伯菌 C12），该阵列为新发现的复合 1 型整合子结构。复合 1 型整合子在水产养殖环境中并不少见，且存在于多种细菌中，但其基因阵列结构缺乏多样性。

从患病花鳗鲡（*Anguilla marmorata*）的肝脏中分离纯化到一株有较强致病力的肺炎克雷伯菌（*Klebsiella pneumoniae*）。药物敏感性结果显示，气单胞菌对氨苄青霉素和头孢噻吩的耐药率分别高达 85.7％和 79.5％，其次对利福平、阿莫西林/克拉维酸、链霉素、萘啶酸、磺胺类、头孢西丁、四环素和磺胺甲基异噁唑/甲氧苄啶的耐药率分别达 57.1％、51.8％、49.1％、44.6％、31.2％、28.6％、28.6％ 和 21.4％；对氟喹诺酮类（环丙沙星）、头孢噻肟、头孢曲松、亚胺培南、阿米卡星、呋喃妥因、氯霉素和多西环素相对敏感。爬行、两栖动物和观赏鱼来源的分离菌株对氟喹诺酮类、头孢类等药物的耐药率比养殖鱼、虾类的高；气单胞菌对常用抗菌药呈现不同程度的耐药，不同来源的气单胞菌的耐药率亦不尽相同。

嗜水气单胞菌基因型与耐药性存在一定的相关性，利用 ERIC-PCR 法可以对致病性嗜水气单胞菌的耐药模式进行基因分型（肖丹等，2011）。通过对气单胞菌耐药性克隆传播的追踪，发现复合水产养殖环境有可能有利于耐药菌从畜禽向水产养殖环境转移（黄玉萍等，2014）。广东地区龟鳖源气单胞菌对多种抗菌药物的多重耐药现象普遍存在，且喹诺酮类耐药（PMQR）可能会在水产临床上更加快速而广泛地传播。从患病花鳗鲡分离的肺炎克雷伯菌也对氨苄青霉素、阿莫西林、磺胺甲基异噁唑等 17 种药物表现出多重耐药性。

为了解广东地区水产动物源气单胞菌的耐药情况，采用 K-B 纸片法测定了 106 株于 1995—2012 年采集自不同种类患病水产动物的气单胞菌对 14 种抗菌药的耐药性，结果显示，气单胞菌对氨苄青霉素、利福平、链霉素和萘啶酸的耐药率相对较高，大部分菌株对喹诺酮类、多西环素、头孢喹肟、氯霉素和阿米卡星相对敏感。相对于鱼源和虾源菌株，龟鳖源分离菌株对 12 种测试药物中的 11 种均表现出高水平耐药。采用 PCR 方法检测分离菌株的常见耐药基因，所有的磺胺甲基异噁唑/甲氧苄啶耐药菌株均检测到 $sul1$ 基因；37% 的四环素耐药菌株携带 $tetA$ 基因；13 株（24.5%）链霉素耐药菌株检测到 $ant$（3'）-$Ia$ 基因；5 株（4.7%）嗜水气单胞菌检测到质粒介导的喹诺酮类耐药基因，其中 2 株携带 $qnrS$ 基因，3 株携带 $aac$（6'）-$Ib$-$cr$ 基因。两株头孢喹肟耐药嗜水气单胞菌携带 $bla_{\mathrm{TEM\text{-}1}}$ 和 $bla_{\mathrm{CTX\text{-}M\text{-}3}}$ 基因。

从广东省佛山市 4 个不同畜禽—鱼复合养殖场采集分离猪源、鸭源、鱼源、水源、泥源气单胞菌（$Aeromonas$）共 57 株，通过 K-B 药敏纸片法，测定其对 8 类 24 种药物的敏感性；提取基因组 DNA，进行肠杆菌基因间重复序列 PCR（ERIC-PCR）及脉冲场凝胶电泳（PFGE）分子分型。57 株气单胞菌对氨苄青霉素、阿莫西林、克拉维酸、利福平具有较高耐药率；不同菌株间存在耐药谱差异。57 株气单胞菌通过 ERIC-PCR 分型，可分为 24 个基因型；采用 PFGE 分型可分为 46 个簇。

采用 K-B 纸片法测定了 1996—2013 年从广东地区患病龟鳖分离的 67 株气单胞菌对 23 种常见抗菌药的耐药性，并检测 5 种喹诺酮类耐药（$PMQR$）基因 $qnrA$、$qnrB$、$qnrS$、$qepA$ 和 $aac$（6'）-$Ib$-$cr$，同时分析 $PMQR$ 基因阳性菌株染色体上 $gyrA$、$parC$ 基因喹诺酮类耐药决定区（QRDR）的突变情况。结果显示，67 株气单胞菌对氨苄青霉素、头孢噻吩和磺胺复合物的耐药率分别高达 100%、92.54% 和 83.58%，对喹诺酮类药物呈现中等耐药，耐药率为 19.40% ～ 64.18%，而对亚胺培南、呋喃妥因、阿米卡星、头孢噻肟敏感性较高，耐药率低于 10%；79.10% 的菌株对 3 类或 3 类以上抗菌药物具有耐药性。19.40% 的菌株携带 $PMQR$ 基因，其中，8.96% 携带 $qnrS1$ 基因、5.97% 携带 $qnrS2$ 基因、7.46% 携带 $aac$（6'）-$Ib$-$cr$ 基因［其中两株同时携带 $qnrS2$ 和 $aac$（6'）-$Ib$-$cr$ 基因］。13 株 $PMQR$ 基因阳性菌株均分别携带

1~4 个质粒，大小介于 0.8~15kb；其中 6 株在 *gyrA* 基因及 *parC* 基因上均发生变异，3 株仅在 *gyrA* 基因上发生变异，另外 4 株未发现 *QRDR* 的基因突变。广东地区龟鳖源气单胞菌对多种抗菌药物耐药并存在多重耐药现象，而且 *PMQR* 机制的存在预示着喹诺酮类耐药性很可能会在水产临床上更加快速而广泛地传播。

2010—2012 年从广东、广西沿海 4 地南美白对虾育苗场池水中分离到 30 株副溶血弧菌，其中有 73% 的菌株对呋喃唑酮敏感，对青霉素、氨苄青霉素、苯唑青霉素、米诺环素、阿莫西林、四环素、阿洛西林显示高度耐药；所有菌株都有不同程度的耐药现象，对四环素的耐药率最高（97%），其次为苯唑青霉素（93%），第三为阿洛西林（90%）。2010 年的平均耐药率为 54%，2011 年的平均耐药率为 64%，2012 年的平均耐药率为 45%。三年的耐药监测发现，副溶血弧菌有多重耐药现象，同时耐 40 种以上抗生素的菌株有 5 株，占 16.7%；耐 30~40 种抗生素的菌株有 15 株，占 50%；耐 30 种以下抗生素的只有 10 株，占 33.3%。

从湛江东海岛的 3 种不同养殖模式虾池中分离的弧菌对万古霉素产生耐药性，高位新池和传统精养池的弧菌对利福平产生耐药性，对其他抗菌药物尚未形成耐药性，3 个虾池的弧菌对恩诺沙星和氯霉素高度敏感，传统精养池和天然虾池的弧菌对复方新诺明、庆大霉素、甲氧苄啶和环丙沙星高度敏感；在水平差异上，高位新池的弧菌比传统精养池和天然虾池对 12 种抗菌药物更具耐药性，同时多重耐药菌株在高位新池中出现，可能与虾苗来源和配合饲料中添加了抗菌药物有关。

从广西的黄颡鱼分离鉴定出 4 株嗜水气单胞菌（分别为 HSY01、HSY02、HSY03 和 HSY04 菌株），以 37℃ 条件下培养 48h 为 1 代，HSY02 菌株对氟苯尼考的最小抑菌浓度为3.906 3μg/mL，HSY01、HSY03、HSY04 菌株对氟苯尼考的最小抑菌浓度为 1.953 1μg/mL。在含有氟苯尼考的药物营养肉汤培养基中连续传代 8 代后，氟苯尼考对 3 株嗜水气单胞菌 HSY01、HSY03、HSY04 的最小抑菌浓度由 1.953 1μg/mL 上升至 62.50μg/mL，耐药性增长了 32 倍。HSY02

菌株的最小抑菌浓度由 3.906 3μg/mL 上升至 62.50μg/mL，耐药性增长了 16 倍。

对分离自养殖军曹鱼水体及肠道的 188 株优势菌（包含 9 个菌属）进行了药物敏感性研究，抑菌最强的是环丙沙星，其次是氯霉素、庆大霉素、多黏菌素 B、复方新诺明，耐药率均小于 40%；抑菌效果最差的依次为羧苄青霉素、青霉素 G、氨苄青霉素、呋喃唑酮灵、利福平，耐药率均在 40% 以上，其中多重耐药的菌株共 12 株，包括水体菌 9 株和肠道菌 3 株。

### 四、华北地区

从北京地区养殖鱼体分离得到的 29 株嗜水气单胞菌对青霉素类耐药率为 100.00%，对磺胺类、头孢霉素类和四环素类耐药率分别为 69.00%、58.60% 和 41.40%，对大环内酯类、喹诺酮类和氨基糖苷类耐药率分别为 27.60%、24.10% 和 24.10%；嗜水气单胞菌对 20 种抗菌药物也呈现不同程度的多重耐药性，100.00% 的菌株对 3 种抗菌药物产生耐药性，41.40% 的菌株对 5 种抗菌药物产生耐药性，13.80% 的菌株对 9 种抗菌药物产生耐药性。

对青岛市售贝类中副溶血弧菌进行污染状况调查，从市场中采集的 143 份样品中有 82 份检出副溶血弧菌，检出率达 57.3%，不同品种和不同季节检出率差异显著。从阳性样品中分离到 98 株副溶血弧菌，所有菌株均不含毒力基因 *tdh* 和 *trh*，大部分菌株对氨苄青霉素和阿莫西林耐药，耐药率分别为 92.9% 和 71.4%，所有菌株对头孢曲松、头孢吡肟、庆大霉素、卡那霉素、环丙沙星、萘啶酸、吡哌酸、氯霉素和呋喃妥因敏感。

### 五、华中地区

从草鱼肠道分离出的 1 株枯草芽孢杆菌对磺胺类抗生素和土霉素有较强的耐药性，而对头孢哌酮、庆大霉素等其他 11 种药物高度敏感。

洪湖养殖区地下水、湖水和鱼塘水中微生物数量分布规律为鱼塘水＞湖水＞地下水，湖水和鱼塘水中的微生物数量受人为活动影响而差异较大。三类水体均有不同耐药程度的微生物检出，耐药微生物数量分布规律为鱼塘水＞湖水＞地下水；耐药微生物占比分布规律为湖水＞鱼塘水＞地下水。地下水中耐药微生物数量与磺胺类抗生素浓度无显著相关性，而地表水中耐药细菌、耐药真菌数量与磺胺吡啶和磺胺二甲基嘧啶浓度呈显著正相关；地表水中耐药细菌与耐药放线菌占比均与磺胺吡啶呈显著相关。

从患病鱼体内分离的嗜水气单胞菌3个菌株分别在含有盐酸多西环素、盐酸四环素的药物培养基中连续传代9次后，四环素对3个菌株的最小抑菌浓度上升8～32倍。耐药菌4℃保存10d和20d，其耐药性保持稳定，30d耐药性有不同程度的下降。

针对人工养殖的斑点叉尾鮰患病鱼体上分离的嗜水气单胞菌的4个菌株对盐酸多西环素耐药性获得开展了研究。以25℃条件下培养72 h为1代，在含有盐酸多西环素的药物培养基中连续传代9次后，盐酸多西环素对嗜水气单胞菌的最小抑制菌浓度上升了31倍，最小抑菌浓度由0.05mg/L上升至1.56mg/L；而将已经获得高耐药性的菌株以穿刺法接种在不含药物的BHI（Difco）琼脂培养基中，以4℃条件下保存20d为1代，连续传代5次，供试菌株的耐药性呈现逐渐消失的趋势，至第5次传代后，其最小抑菌浓度由1.56mg/L下降至0.10mg/L。

从江西部分地区分离到的52株嗜水气单胞菌对19种抗生素呈现出不同程度的耐药性，其中对阿莫西林耐药率为94%，对青霉素耐药率为96%，对利福平耐药率为62%，对林可霉素耐药率为63%，对甲氧嘧啶耐药率为75%。质粒提取结果发现，52株细菌中有14株携带1～9条耐药质粒电泳条带，从菌株提取到质粒的概率为26.93%。耐药质粒指纹图谱显示，其质粒谱型可分为14种，每株菌都含有大小和数量不等的质粒，分析表明嗜水气单胞菌耐药性与质粒无明显的直接关系，但它们来源相同，耐药类型相似，质粒图谱也相似。

嗜水气单胞菌、温和气单胞菌、点状气单胞菌、鳗弧菌、柱状嗜纤维菌、荧光假单胞菌和迟缓爱德华菌等 7 种水产致病菌，其中有 5 种菌对氟甲砜霉素高度敏感（敏感率 71.43%），1 种菌中度敏感（14.29%），1 种菌产生耐药性，而且测试菌对氟甲砜霉素的耐药性获得速率也较慢。

## 第二节　主要水产养殖区的耐药迁移趋势

由于养殖区域大多与流动性水域相同，水产养殖病原菌耐药也呈现出迁移的关联性。此外，不同年份的水产养殖病原菌耐药也有一定的相关性（图 4-5 至图 4-9）。

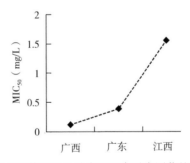

图 4-5　珠江流域主要养殖区盐酸多西环素对病原菌的 $MIC_{50}$（2017 年）

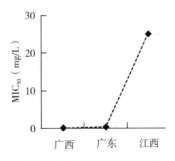

图 4-6　珠江流域主要养殖区氨苄青霉素对病原菌的 $MIC_{50}$（2017 年）

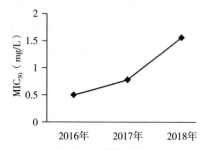

图 4-7　北京市氟苯尼考对病原菌的 $MIC_{50}$（2016—2018 年）

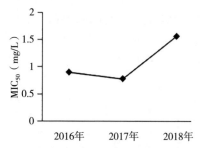

图 4-8　江苏省氟苯尼考对病原菌的 $MIC_{50}$（2016—2018 年）

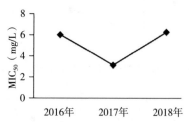

图 4-9　江西省氟苯尼考对病原菌的 $MIC_{50}$（2016—2018 年）

# 第五章 水产养殖病原菌耐药性防控对策

## 第一节 病原菌耐药性的监测及其存在的问题

### 一、病原菌耐药性监测

世界各国都在加强对病原菌耐药性的监测，我国也在开展这方面的工作。病原菌耐药性监测工作是"有关部门系统收集、整理分析和综合评价，向社会公布、解释监测数据，并指导大众正确用药的社会公益性事业"。

病原菌耐药性监测的主要目的在于：①调查并确定本地区的病原菌耐药性现状，指导临床用药或感染控制措施；②监测病原菌耐药性变化情况，通过药敏试验等有效的手段和方法来确定抗菌药物的最佳使用范围和时间；③预测病原菌耐药性变化趋势，为有关科研部门提供有关耐药性机理的信息；④开展有关病原菌耐药性的流行病学调查，发现病原菌耐药性菌株传播的环节，从而为更好地控制传播提供有关信息；⑤帮助科研机构和制药公司有针对性地开发新的药物。

病原菌耐药性监测是一项长期的、各地区协作的社会公益性事业，目前国家尚无专项经费支撑统一的组织和管理，所以在我国仅有部分医药卫生研究单位组织的在一定范围内的微生物耐药性监测网。在我国，对病原菌耐药性进行监测和风险评估的有影响的细菌耐药性监测网络有以下几个：①"上海地区细菌耐药性监测网"，是由上海复旦大学附属华山医院抗生素研究所组织的地区性微生物耐药性监测网，有十几家医院参与，收集并积累了大量上海地区微生物耐药性资料；②以北京大学医学部临床药理研究所为牵头单位的"中国细菌耐药监测网"和中国医学科学院北京协和医院组织的"医院内病原菌耐药性监测网"，这是较大范围的跨地区的细菌耐药性监测网络，这两个跨地区细菌耐药性监测网络分别涵盖了全国 9 个城市的 13 家大型医院和其他 10 个城市的 32 家医院，并且监测范围正在逐年扩大；③以中国药品生物制品检定所为牵头单位的"国家细菌耐药性监测网"，于 1997 年开始建立，共 82 家医院参与监测工作；④还有部分地区、部分医院之间建立的小范围的细菌耐药性监测网络。

## 二、水产养殖病原菌耐药性监测存在的主要问题

近年来，对来源于水产养殖环境中的水产养殖病原菌耐药性的监测和风险评估由全国水产技术推广总站牵头组织，在全国主要水产养殖区针对主要水产养殖病原菌开展耐药性监测和风险评估，由于起步晚，数据相对较为匮乏，主要问题集中表现在如下几个方面：

**1. 缺乏快速、简便、针对性强、适合水产养殖动物和环境特点的耐药性分析调查技术手段**　水域环境的特殊性（流动性、地域性）及水产动物病原的复杂性对水产动物病原菌耐药性分析调查提出了特殊的要求。目前，关于水产养殖病原菌耐药性的分析调查方法大都来源于兽药或人药，对于水产养殖病原菌耐药性分析的技术手段较单一、针对性差，未能充分利用现有的分子生物学、免疫学和蛋白质检测技术手段，不能满足水产动物病原菌耐药性分析调查的需要。这也是目前缺乏完整的水产养殖病原菌耐药性数据的根本原因。

**2. 针对主要水产养殖病原菌缺乏耐药性判定标准**　耐药性判定标准的制定建立在掌握大量的药理学和病原微生物学背景资料的基础上。耐药性判定标准的制定不但需要依据抗菌药物的药代动力学参数、最小抑菌浓度及细菌对药物的应答率等因素确定药敏试验折点（敏感限），还要依据实践中的药效学参数对敏感性进行量化

分类。此外，由于不断变化的耐药机制、细菌菌群分布的漂移及科技手段的进步，此类标准还需要定期修订。

我国检测细菌抗生素耐药性原则上采用 NCCLS（美国临床实验室标准化委员会）推荐的方法和判断标准，其中临床实验室应用最多的是纸片扩散法，并不是所有细菌都适合用该方法检测耐药性。国内一些耐药性分析报告中，不管 NCCLS 是否适合于该菌的判断，仍按照 NCCLS 标准操作并判断结果。在某些实验室，过时的 NCCLS 标准仍在被使用。

对于水产养殖病原菌而言，以上基础背景资料还尚不完善或正在获取的过程中。尽快制定并定期修订水产养殖病原菌耐药性判定标准是着手开展水产养殖病原菌耐药性研究并提出应对策略的当务之急。

**3. 水产养殖区的病原菌耐药性状况**（地域分布和历史传播）**等第一手的原始数据几乎为空白**　尽管我国政府早已意识到耐药性问题的严重性，并投入较大的人力、物力和财力启动了动物源细菌耐药性监测计划，但该技术中未涉及水产动物病原菌，这是一个重大的遗漏。长期以来，由于认识不足和技术储备不足等原因，我国从未系统地开展过水产动物病原菌的耐药性分析调查，仅有零星的研究报道，远远不能满足水产养殖产业的需求。由于缺乏真实、有效的耐药性状况调查数据，水产养殖从业者在制定水产动物安全用药方案、保持养殖水域生态环境和维护公共卫生安全方面显得力不从心。

水产养殖病原菌的耐药性问题日益突出，极大地增大了病害的防控难度和成本，其根本原因就是缺乏其耐药性状况的原始数据，导致人们无法采取准确、有效的措施对现有的用药方法进行修正以规避耐药性风险。

**4. 水产养殖病原菌耐药性来源、传播途径及规律不明，能有效控制其耐药性的技术缺失**　由于水产动物病原菌的特殊性，我国尚未系统地开展过关于水产动物病原菌耐药性的起源、传播途径、传播规律等方面的研究，针对水产养殖过程中水产动物病原菌耐药性的控制技术手段也几乎是空白。

目前水产养殖病原菌耐药性的风险已经引起社会各界的广泛关注。水产动物病原菌耐药性增加势必增加水产动物疾病防治的成本，加大药物残留风险，也潜在地威胁人类公共卫生安全。此外，特别值得我们关注的是，近年来，世界动物卫生组织（OIE）日益重视动物源食品中的耐药性问题，专门成立了专家组，颁布了一系列管理文件，并拟定作为标准检测国际贸易中的动物源产品。该行动得到了相关国家的积极响应和支持。

水产养殖病原菌耐药性事关水产品质量安全和公共卫生，与水产养殖业健康发展和国计民生息息相关。建立和完善耐药性安全使用公益性技术平台，不仅可以解决困扰水产养殖业发展的瓶颈性难题，而且能够促进渔民增收、破除贸易技术壁垒，保障我国水产养殖业持续、健康、稳步的发展。

## 第二节 控制水产养殖病原菌耐药性的 相关法律法规

在"绿色发展"的主题下，控制水产养殖病原菌耐药性风险具有现实意义。①控制水产养殖病原菌耐药性风险是落实乡村振兴战略的需要；②控制水产养殖病原菌耐药性风险是推进农业绿色发展的需要；③控制水产养殖病原菌耐药性风险是实现提质增效、富渔增收的需要；④控制水产养殖病原菌耐药性风险是推进创新驱动发展、强化技术模式引领作用的需要。

近年来，我国政府相继制定和发布了一系列法律法规，以应对和控制水产养殖病原菌耐药性风险。

### 一、遏制细菌耐药国家行动计划

2016年8月5日，国家卫生和计划生育委员会等14部门联合制定并发布了《遏制细菌耐药国家行动计划（2016—2020年）》（国卫医发〔2016〕43号）。根据该计划，遏制水产养殖病原菌耐药性应注重以下 9 个方面的措施。

**1. 强化部门联动，合力攻坚** 农业、环保、发改、科技、财政、文广等部门各尽其责，整体联动，形成合力，确保水产动物病原菌耐药性的控制工作顺利完成（图 5-1）。农业部门加强渔用抗菌药物的审批、生产、经营、使用环节监管，减少水产动物病原菌耐药；环境保护部门加强渔用抗菌药物环境污染防治工作，加强渔用抗菌药物环境执法和环境监测能力建设，加快渔用抗菌药物污染物指标评价体系建设；发展改革部门促进渔用抗菌药物研发和产业化；科技部门通过相关科技计划（专项、基金等）统筹支持渔用抗菌药物和细菌耐药研究；财政部门安排水产动物源病原菌耐药控制相关经费，加强资金管理和监督；文化部门、新闻出版广电部门通过广播、电视等主要媒体向公众广泛宣传渔用抗菌药物合理应用知识。

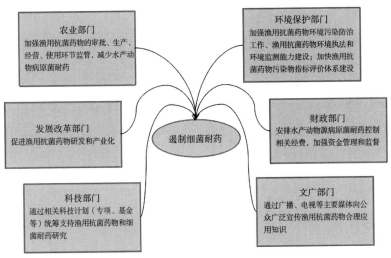

图 5-1 水产动物病原菌耐药性控制工作的管理主体

**2. 强化渔用抗菌药物的相关研发力度** ①鼓励开展水产动物病原菌耐药分子流行病学和耐药机制研究。及时掌握我国不同地区水产动物细菌耐药发展趋势、传播与差别，加大基础研究力度，阐释细菌致病和耐药机制，为制定耐药控制策略与研究开发新药物、新技术提供科学数据。②支持新型渔用抗菌药物的研发，特别是具有不同作用机制与分子结构的创新药物与相关疫苗的研发，并推动水产动物专用抗菌药物和可替代抗菌药物以及水产动物疾病预防与促生长产品研究与开发。③支持耐药菌感染诊断、治疗与控制研究，提高防控耐药菌引起的水产动物疾病的能力水平。④开展渔用抗菌药物环境污染控制研究，进行渔用抗菌药物污染治理技术、渔用抗菌药物在水环境中的去除技术等研究。

**3. 强化渔用抗菌药物供应保障管理** ①完善抗菌药物注册管理制度。依据政策对用于耐药菌感染相关的创新渔用抗菌药物加快审评和审批，在渔用抗菌药物注册登记环节，开展药物的环境危害性评估。②加强抗菌药物生产流通管理。加大对生产流通领域抗菌药物的监管力度。③推进渔用抗菌药物产业升级，支持渔用抗菌药物新品种产业化，鼓励生产企业采用新技术、新设备进行技术改造，促进渔用抗菌药物绿色生产。

**4. 强化渔用抗菌药物应用和耐药控制体系建设** ①制定渔用抗菌药物安全使用指导原则和管理办法，及时修订药物饲料添加剂使用规范、禁用药清单。②实施渔用抗菌药物分类管理制度，推行凭兽医处方销售、使用渔用抗菌药物管理制度。③严格管理抗菌药物原料药的各种销售渠道。④实施水产动物健康养殖方式，加强养殖场所卫生管理，改善养殖环境、加强饲养管理，维持水产动物健康状态。⑤加强药物饲料添加剂管理，减少亚治疗浓度的预防性用药，禁止在水产养殖业中使用人用重要抗菌药物。⑥加大渔用抗菌药物安全风险评估力度，加快淘汰高风险品种。

**5. 强化渔用抗菌药物应用和细菌耐药监测体系** ①国家渔业主管部门制定监测标准和监测方案，组织实施监测工作。②建立完善渔用抗菌药物应用监测网和水产动物病原菌耐药监测网，开展普遍监测、主动监测和目标监测工作。③监测面覆盖不同领域、不同养殖方式、不同品种的养殖场（户）和有代表性的水产品流通市场，获得水产动物病原菌耐药流行病学数据。④建立细菌耐药参比实验室和生物标本库，提供临床与研究所需标准菌株。

**6. 强化专业人员的水产动物病原菌耐药防控能力** 强化专业人员的水产动物病原菌耐药防控能力，应着重从以下方面入手：①鼓励有条件的高等农林院校在水生动物医学专业开设水产动物感染性疾病治疗相关课程。②加强水产养殖业与水产兽医从业人员教育。培养壮大水产兽医队伍，加强兽医和水产养殖业从业人员抗菌药物合理应用教育培训。通过开展定期或不定期培训，促进相关制度规范的落实，提高渔用抗菌药物合理应用水平。

**7. 强化渔用抗菌药物环境污染防治** ①加快渔用抗菌药物污染物指标评价体系建设，就抗菌药物环境污染问题有针对性地加强环境执法以及完善养殖水体中渔用抗菌药物监测技术方法和规范等。②开展渔用抗菌药物可能产生的生态环境影响相关科研工作，研究渔用抗菌药物环境污染的防治措施。

**8. 强化公众宣传教育力度** ①充分利用广播、电视等传统媒体和互联网、微博、微信等新媒体，广泛宣传渔用抗菌药物合理应用知识，提高公众对水产动物病原菌耐药危机的认识。②将合理应用渔用抗菌药物与社会主义新农村建设和支农惠农活动相结合，在基层文化活动中增加渔用抗菌药物内容，减少不必要渔用抗菌药物的应用。

**9. 广泛开展国际交流与合作** ①积极参与世界卫生组织、世界动物卫生组织、联合国粮食及农业组织等国际组织开展的相关工作，包括防控策略与技术标准制定、渔用抗菌药物应用和水产动物病原菌耐药监测、人员培训、专题研讨等。②与其他国家和地区开展耐药监测协作，控制耐药菌跨地区、跨国界传播。③与国际社会分享相关耐药监测结果与研究成果，共同制定具有国际危害耐药菌的控制策略。④与国际社会合作开展新型耐药控制技术与产品的研究与开发。⑤积极支持需要帮助的国家和地区开展耐药控制活动。

## 二、全国遏制动物源细菌耐药行动计划

2017 年 6 月 22 日，农业部制定并发布了《全国遏制动物源细菌耐药行动计划（2017—2020 年）》（农医发〔2017〕22 号）。该计划明确了遏制水产动物病原菌耐药性的重点任务和能力建设要求。

### 1. 重点任务

（1）实施"退出行动"，推动促生长用渔用抗菌药物逐步退出 具体要求包括：①开展促生长用人兽共用抗菌药物风险评估。②开展促生长用水产动物专用抗菌药物风险评估。③对可能存在安全隐患的其他渔用抗菌药物开展风险评估。

（2）实施"监管行动"，强化渔用抗菌药物监督管理 具体要求包括：①严格渔用药物市场准入。②规范水产养殖用药。③加强饲料生产环节用药监管。④建立应用监测体系。

（3）实施"监测行动"，健全水产动物病原菌耐药性监测体系 具体要求包括：①完善水产动物病原菌耐药性监测网。②细化水产动物病原菌耐药性监测工作。③加强水产兽医与卫生领域合作。

（4）实施"监控行动"，强化渔用抗菌药物残留监控 具体要求包括：①建立完善国家、省、市、县四级渔药残留监测体系，鼓励第三方检测力量参与，持续实施抗菌药物残留监控计划，依法严肃查处问题产品。②建立养殖场废弃渔药回收和无害化处理制度，逐步实施渔用抗菌药物环境危害性评估工作。③开展养殖尾水中抗菌药物残留检测，建立评估方法和标准，推广先进的环境控制技术。

（5）实施"示范行动"，开展兽用抗菌药物使用减量化示范创建 具体要求包括：①在水产养殖大县、水产健康养殖示范县选择优势品种，开展渔用抗菌药物使用减量化示范创建活动，推广使用安全、高效、低残留的渔用抗菌药物替代产品，从源头减少渔用抗菌药物使用量。②及时总结经验、逐步推广，并研究相关补贴制度。

(6) 实施"宣教行动"，加强从业人员培训和公众宣传教育

具体要求包括：①强化兽医等从业人员教育，将渔用抗菌药物使用规范纳入新型职业渔民培育项目课程体系。②鼓励有条件的大中专院校开设渔用抗菌药物合理使用相关课程。③加强从业人员科学合理用药培训。④充分利用广播、电视等传统媒体和互联网、微博、微信等新媒体，广泛宣传安全用药知识，提高公众对水产动物病原菌耐药性的认知度。

**2. 能力建设**

（1）提升信息化能力 综合运用互联网、大数据、云平台等现代信息技术，完善国家渔药基础数据平台，深入推进国家渔药"二维码"追溯实施工作，推动省、市、县三级配备必要的软硬件设施设备，与国家兽药基础信息平台对接，保证渔用抗菌药物产量、销量、用量全程可追溯，实现渔用抗菌药物生产、经营和使用全程监管。

（2）提升标准化能力 建立水产动物病原菌耐药性监测标准体系，针对细菌分离和鉴定方法、最小抑菌浓度测定方法、药物耐药性判定等制定统一的检测标准，开展实验室能力比对。收集、鉴定、保藏各种表型及基因型耐药性菌种，建立菌种库和标本库，实现各级实验室标准化管理。

（3）提升科技支撑能力 发挥科研院所、龙头企业技术优势，创立全国渔用抗菌药物科技创新联盟，围绕水产动物专用抗菌药物、水产动物病原菌耐药性检测、渔用抗菌药物替代品和水产养殖领域新型耐药性控制技术等领域，开展产品研发和关键技术创新。鼓励开展水产动物病原菌耐药分子流行病学和致病性研究。

（4）提升国际合作能力 主动参与国际组织开展的耐药性防控策略、抗菌药物敏感性检测标准制修订等工作，与其他国家和地区开展水产动物病原菌耐药性监测协作，控制耐药菌跨地区、跨国界传播。加强与发达国家抗菌药物残留控制机构及重要国际组织合作，参与国际规则和标准制定，主动应对国际水产品抗菌药物残留问题等突发事件。

### 三、全国水产养殖用药减量行动方案

2019 年 3 月 27 日，农业农村部渔业渔政管理局会同全国水产技术推广总站发布了《2019 年全国水产养殖用药减量行动方案》（农渔养函〔2019〕21 号），具体包括水产养殖减少用药的 5 条技术路线和分类指导、分区推进的行动方案。

**1. 技术路线**　根据水产养殖病害发生危害的特点和预防控制的实际，坚持以防为主、防治结合的原则，提出减少用药的 5 条技术路线。

（1）**使用优质苗种减少用药**　严格控制苗种质量，对于采购外来苗种，养殖企业要采购具有生产许可证且信誉好的单位的苗种，优先选用国家审定水产新品种且经当地验证具备优良性状的水产苗种，并经水产苗种产地检疫合格。对于自繁自育的苗种，养殖企业要严格按照育苗相关操作规范生产，做好亲本选育和病害防控等技术措施，保障苗种质量优质安全健康。

（2）**控制病害发生减少用药**　开展水产养殖病害监测，掌握病原分布、流行趋势和病情动态，科学研判防控形势，及时发布病害预警；强化疫病净化和突发疫情处置，避免药物滥用；推广应用疫苗免疫等预防技术，减少养殖户"乱用药"问题；强化苗种产地检疫，创建无规定疫病水产苗种场，从源头控制病害发生，降低滥用药风险。

（3）**依法精准用药减少用药**　建立规范用药制度。严格遵守《中华人民共和国动物防疫法》《兽药管理条例》《兽用处方药和非处方药管理办法》等法律、法规和规章等，由执业兽医出具处方笺，并在其指导下使用，依照处方剂量和次数施药，避免盲目加大施用剂量、增加使用次数。开展水产养殖动物病原菌耐药性监测，编制适合当地的水产养殖用药抗菌谱，对症开方，依方用药。加大依法、科学用药技术的宣传与指导，把法律和技术送到养殖者手里，深入基层、深入池塘进行现场指导。

（4）**推广生态养殖减少用药**　以生态循环、质量安全、集约高

效、节能减排为导向，集成和示范推广一批用药量少、质量可控、操作简便、适宜推广的用药减量技术模式。大力推广使用配合饲料替代幼杂鱼、尾水生态治理、以渔净水等生态减药关键技术。示范推广尾水处理、水体清洁过滤等养殖装备。因地制宜示范推广稻渔综合种养、集装箱养殖、池塘工程化循环水养殖、多营养层次养殖、深水抗风浪网箱养殖等先进养殖模式，提升水产养殖业的提质增效、防病减药水平。

（5）加强日常管理减少用药　指导养殖企业自身加强养殖管理，健全内部管理等各项制度，建立从苗种质量、养殖环境、水质监测、密度控制、病害防治、兽药使用到产品检测等贯穿生产全过程的质量安全监控体系，完善水产养殖生产和用药记录制度。地方各级渔业行政以及渔政监督管理机构要加大养殖生产的监管力度，监督投入品规范使用，依法开展监督检查，严肃查处违法用药行为。

**2. 行动方案**

（1）华北地区（北京、天津、河北、山西、内蒙古）　针对鲆、鲤、草鱼、鲢、鲫等主要养殖品种，重点预防烂鳃病、细菌性肠炎病、腹水病、淡水鱼细菌性败血症、水霉病、车轮虫病、指环虫病等的发生，尽量减少该地区高耐药率水产用抗生素的使用。重点推行池塘工程化循环水养殖模式、工厂化循环水养殖模式、鱼菜共生模式、多营养层次养殖模式等。

（2）东北地区（辽宁、吉林、黑龙江）　针对鲆、鲈、河鲀、鲤、鲢、草鱼等主要养殖品种，重点预防弧菌病、烂鳃病、溃疡病、细菌性肠炎病、腹水病、淡水鱼细菌性败血症、水霉病、车轮虫病、锚头鳋病、指环虫病等的发生，尽量减少该地区高耐药率水产用抗生素的使用。重点推行稻渔综合种养模式、池塘工程化循环水养殖模式、工厂化循环水养殖模式、多营养层次养殖模式等。

（3）华东地区（上海、江苏、浙江、安徽、山东）　针对鲆、鲈、大黄鱼、草鱼、鲢、鳙、鲤、鲫等主要养殖品种，重点预防淡水鱼细菌性败血症、烂鳃病、烂尾病、赤皮病、细菌性肠炎病、爱德华菌病、水霉病、黏孢子虫病、锚头鳋病、指环虫病、刺激隐核虫病等的发生，尽量减少该地区高耐药率水产用抗生素的使用。重点推行稻渔综合种养模式、池塘工程化循环水养殖模式、深水抗风浪网箱养殖模式、集装箱养殖模式、工厂化循环水养殖模式、多营养层次养殖模式等。

（4）华中地区（江西、河南、湖北、湖南） 针对草鱼、鲢、鳙、鲤、鲫、青鱼、鳊鲂、黄颡鱼、黄鳝、鳜、乌鳢、鮰等主要养殖品种，重点预防淡水鱼细菌性败血症、溃疡病、烂鳃病、烂尾病、赤皮病、细菌性肠炎病、水霉病、车轮虫病、小瓜虫病、指环虫病等的发生，尽量减少该地区高耐药率水产用抗生素的使用。重点推行稻渔综合种养模式、池塘工程化循环水养殖模式、集装箱养殖模式、工厂化循环水养殖模式、鱼菜共生模式等。

（5）华南地区（福建、广东、广西、海南） 针对大黄鱼、鲈、石斑鱼、鲆、美国红鱼、罗非鱼、鳗鲡、草鱼、鲢、鳙等主要养殖品种，重点预防淡水鱼细菌性败血症、溃疡病、烂鳃病、烂尾病、赤皮病、细菌性肠炎病、爱德华菌病、链球菌病、水霉病、车轮虫病、小瓜虫病、指环虫病、斜管虫病、刺激隐核虫病等的发生，尽量减少该地区高耐药率水产用抗生素的使用。重点推行深水抗风浪网箱养殖模式、池塘工程化循环水养殖模式、集装箱养殖模式、工厂化循环水养殖模式等。

（6）西南地区（重庆、四川、贵州、云南、西藏） 针对草鱼、鲢、鲤、鲫、鲶、罗非鱼、鲟等主要养殖品种，重点预防淡水鱼细菌性败血症、溃疡病、烂鳃病、烂尾病、赤皮病、腹水病、打印病、水霉病、车轮虫病、指环虫病、黏孢子虫病、锚头鳋病等的发生。尽量减少抗生素的使用。重点推行稻渔综合种养模式、鱼菜共生模式、池塘工程化循环水养殖模式、集装箱养鱼模式等。

（7）西北地区（陕西、甘肃、青海、宁夏、新疆） 针对草鱼、鲢、鲤、鲫、鳟等主要养殖品种，重点预防细菌性肠炎病、淡水鱼细菌性败血症、溃疡病、烂鳃病、烂尾病、赤皮病、打印病、水霉病、三代虫病、车轮虫病、指环虫病、小瓜虫病、锚头鳋病等的发生。尽量减少抗生素的使用。重点推行盐碱地渔农综合利用模式、池塘工程化循环水养殖模式、工厂化循环水养殖模式、鱼菜共生模式等。

### 四、水产养殖病原菌耐药性普查工作方案

2019 年 3 月 3 日，全国水产技术推广总站制定并发布了《水产养殖病原微生物耐药性普查工作方案》（农渔技质函〔2019〕053号），明确了普查品种、采集菌种、测试药物种类以及工作要求，以掌握水产养殖动物主要病原菌的药物敏感性及耐药性变化规律。

**1. 普查品种** 病原菌耐药性的普查涉及的水产养殖品种见表5-1。此外，各普查区域也可自行增加普查品种。

表 5-1 普查品种

| 序号 | 普查区域 | 普查品种 | 序号 | 普查区域 | 普查品种 |
|------|----------|----------|------|----------|----------|
| 1 | 北京 | 虹鳟、金鱼 | 9 | 山东 | 大菱鲆 |
| 2 | 天津 | 鲫、鲤 | 10 | 河南 | 鲤 |
| 3 | 河北 | 鲤、草鱼 | 11 | 湖北 | 鲫 |
| 4 | 辽宁 | 大菱鲆 | 12 | 广东 | 罗非鱼、乌鳢 |
| 5 | 江苏 | 草鱼、鲫 | 13 | 广西 | 罗非鱼 |
| 6 | 浙江 | 中华鳖、大黄鱼 | 14 | 重庆 | 鲫 |
| 7 | 安徽 | 鲫 | 15 | 青海 | 虹鳟 |
| 8 | 福建 | 大黄鱼、鳗鲡 | | | |

**2. 采集菌种** 病原菌耐药性的普查涉及的菌种包括：气单胞菌、假单胞菌、爱德华菌、链球菌、柱状黄杆菌、弧菌等。

**3. 药物种类** 病原菌耐药性的普查涉及 8 种国标渔药，包括：恩诺沙星、硫酸新霉素、甲砜霉素、氟苯尼考、盐酸多西环素、氟甲喹、磺胺间甲氧嘧啶钠、磺胺甲噁唑＋甲氧苄啶。

**4. 病原菌耐药性的普查工作要求**

（1）采样点设置　每个普查品种采样点 2 个以上。采样点原则上与"水产养殖病害测报点"或"渔情信息采集点"相结合。

（2）采样时间　4—10 月，每月采样 1 次。

（3）采集菌株数量　每种病原微生物采集菌株 30 个以上。

（4）测试实验室　具备病原微生物培养、鉴定、保存、药物敏感性试验等工作条件和技术能力。分别测试每个菌株对 8 种渔药的敏感性。

（5）测试技术　按照"水产养殖主要病原微生物耐药性普查技术培训班"技术要求操作。

（6）病原微生物鉴定　各单位对纯化的菌株留样后，做基因全序列测定，鉴定其种类。

（7）检测结果报送　全年检测结果报送全国水产技术推广总站。

# 第三节　控制水产养殖病原菌耐药性的趋势、特点及建议

在"一带一路"倡议实施和国内水产养殖业转型升级、水产养殖提质增效减排的新形势下，控制水产养殖病原菌耐药性在未来一段时间内将出现如下趋势和特点：

一是在"绿水青山就是金山银山"的理念下，水产养殖病原菌耐药性及其传播风险日益受到重视，相比于畜牧及其他行业，水产养殖病原菌耐药性状况基础数据和基础理论的严重缺失，远远不能满足水产养殖业绿色发展的需要。如长江经济带绿色发展战略就对沿江水产养殖病原菌耐药性风险管控提出了极高的要求；稻田综合种养等新型养殖模式中耐药性风险的监测应被纳入总体设计中。

二是"一带一路"建设对于控制水产养殖病原菌耐药性提出了更高的要求。在可以预见的时间内，我国水产养殖业对"一带一

路"沿线国家将从"引领"转向"竞争和引领"并存的局面。建立控制水产养殖病原菌耐药性的相关技术标准,对于我国水产养殖业在"一带一路"沿线国家发挥引领作用和占领贸易主动权至关重要。

三是水产养殖病原菌耐药性具有极强的传播特性,且与养殖模式、养殖地理环境及水域流域紧密相关,相比畜牧等其他行业监管和控制难度更大。从水产品质量安全及环保的角度而言,水产养殖病原菌耐药性领域的基础研究匮乏,基础理论不深,技术积累不足,在很长时间内无法满足水产养殖业转型发展的需要。

从水产养殖业绿色发展、保障公共卫生安全的角度,控制水产养殖病原菌耐药性具有重要的现实意义和价值,应从基础应用研究、法律法规建设及其监督管理、产业导向等方面多管齐下,采取综合措施控制水产养殖病原菌耐药性蔓延。

(1)加强水产养殖病原菌耐药性基础理论研究,特别是主要水产动物病原菌耐药性形成机制、迁移规律等基础的研究,为防范水产养殖病原菌耐药性风险提供理论依据。

(2)加强水产养殖病原菌耐药性监控技术标准化建设,重点针对耐药性评价技术、耐药性防控技术规范等空白领域制定和修订水产行业标准或国家标准;建立覆盖我国主要水产养殖区的水产养殖病原菌耐药性监控网络,建立包括实物层、数据层和网络层的水产养殖病原菌耐药性监控体系。

(3)加强防控水产养殖病原菌耐药性相关的法律法规建设,切实落实《遏制细菌耐药国家行动计划(2016—2020年)》等相关文件精神;贯彻执行职业兽医及处方制度,逐步健全可追溯制度;建立水产养殖用药记录制度,大力推广健康养殖模式,培养具备水产动物医学背景的专业化人才。

(4)整合技术资源,组织开展化学渔药替代制剂的研发。鼓励发展中草药、生物渔药等能替代或者部分替代化学抗菌药物的新型渔药,从技术源头上最大限度控制水产动物病原菌耐药性风险。加大研发投入力度,提升公众对水产品安全的信心,保障产业的持续健康发展。

（5）根据"一带一路"倡议需要，适时修订相关出口水产品中渔用药物残留限量、禁用清单等技术标准，为我国水产养殖业在"一带一路"沿线国家发挥引领作用和占领贸易主动权提供依据。

# 参　考　文　献

蔡丽娟，许宝青，林启存，2011. 水产致病性嗜水气单胞菌耐药性比较与分析 [J]. 水产科学，30（1）.

崔佳佳，李绍戊，王荻，等，2016a. 嗜水气单胞菌对四环素类药物诱导耐药表型及机理研究 [J]. 微生物学报，56（7）：1149-1158.

崔佳佳，李绍戊，王荻，等，2016b. 三北地区鱼源气单胞菌的分离鉴定与药敏试验 [J]. 江西农业大学学报，38（1）：152-159.

崔佳佳，王荻，卢彤岩，等，2016c. 养殖鱼源嗜水气单胞菌对氟喹诺酮类药物的耐药机制 [J]. 水产学报，40（3）：495-502.

邓传燕，李色东，范敏萍，等，2013. 2010—2012 年对虾育苗水体副溶血弧菌耐药性分析 [J]. 科学养鱼，29（9）：59.

邓玉婷，薛慧娟，姜兰，等，2014. 体外诱导嗜水气单胞菌对喹诺酮类耐药及其耐药机制研究 [J]. 华南农业大学学报，35（1）：12-16.

丁正峰，薛晖，王晓丰，等，2011. 江苏主要水产病原菌耐药谱系监测 [J]. 江苏农业科学，39（2）.

董亚萍，2018. 利用中草药延缓嗜水气单胞菌对恩诺沙星的耐药性及其作用机制的研究 [D]. 上海：上海海洋大学.

贺刚，何力，谢从新，等，2008. 草鱼肠道枯草芽孢杆菌的耐药性分析 [J]. 现代农业科技（22）：219-220.

封琦，齐富刚，熊良伟，等，2017. 江苏盐城地区嗜水气单胞菌的耐药性分析 [J]. 黑龙江畜牧兽医（9）：202-204.

关川，童蕾，秦丽婷，等，2018. 洪湖养殖区水环境中微生物的耐药性及其群落功能多样性研究 [J]. 农业环境科学学报，37（8）：204-213.

侯晓，吴润，蒲万霞，2018. 超级细菌及新药研发方向 [J]. 动物医学进展，39（10）：102-106.

黄玉萍，邓玉婷，姜兰，等，2014. 复合水产养殖环境中气单胞菌耐药性及其同源性分析 [J]. 中国水产科学，21（4）：777-785.

纪雪，邢新月，梁冰，等，2018. 淡水养殖鱼大肠埃希菌分离鉴定与耐药性研究 [J]. 动物医学进展，39（12）：80-84.

江艳华，姚琳，宋春丽，等，2012. 青岛市售贝类副溶血性弧菌污染状况及耐药性分析 [J]. 中国卫生检验杂志，22（2）：375-377.

李绍戊，王荻，刘红柏，等，2013. 鱼源嗜水气单胞菌多重耐药菌株整合子的分子特征 [J]. 中国水产科学，20（5）：1015-1022.

连浩森，李绍戊，张辉，等，2015. 三北地区冷水鱼常见病原菌的分布及耐药分析 [J]. 江西农业大学学报，37（2）：339-345.

刘永涛，艾晓辉，杨红，2008. 水产致病菌对氟甲砜霉素敏感性及耐药性研究 [J]. 水生态学杂志，28（4）：124-127.

吕吉云，曲芬，2011. 多重耐药微生物及其防治对策 [M]. 北京：人民军医出版社.

马辰婕，吴小梅，林茂，等，2017. 水产养殖环境耐药细菌中复合1型整合子的流行特征 [J]. 微生物学通报，44（9）：2089-2095.

孟小亮，陈昌福，吴志新，等，2009. 嗜水气单胞菌对盐酸多西环素的耐药性获得与消失速率研究 [J]. 长江大学学报（自科版）农学卷，6（1）：42-44，58.

潘浩，王荻，卢彤岩，2016. 渔用药物防耐药策略研究进展 [J]. 生物技术通报，32：（5）：34-39.

司力娜，李绍戊，王荻，等，2010. 养殖鲟鱼暴发病病原菌分离及药敏实验 [J]. 水产学杂志，23（4）：18-22.

司力娜，李绍戊，王荻，等，2011. 东北三省15株致病性嗜水气单胞菌分离株的药敏实验分析 [J]. 江西农业大学学报，33（4）：786-790.

谭爱萍，邓玉婷，姜兰，等，2013. 一株多重耐药鳗源肺炎克雷伯菌的分离鉴定 [J]. 水生生物学报，4：744-750.

谭爱萍，邓玉婷，姜兰，等，2014. 养殖龟鳖源气单胞菌耐药性与质粒介导喹诺酮类耐药基因分析 [J]. 水产学报，38（7）：1018-1025.

王春艳，阎斌伦，2013. 连云港市赣榆县水产养殖环境中哈氏弧菌耐药性研究 [J]. 淮海工学院学报（自然科学版），22（1）.

王洪斌，邵营泽，徐加涛，等，2008. 连云港周边海域副溶血性弧菌的污染及耐药性研究 [J]. 水产科技情报，35（2）：56-58.

王静波，徐立蒲，王小亮，等，2012. 北京地区养殖鱼类来源嗜水气单胞菌耐药性研究 [J]. 北京农业（A10）：77-80.

王美珍，陈昌福，刘振兴，等，2011. 嗜水气单胞菌对四环素类和氟喹诺酮类药物的耐药性研究 [J]. 华中农业大学学报（1）：95-99.

王瑞旋，徐力文，王江勇，等，2008. 军曹鱼养殖水体及其肠道异养细菌的耐药性研究 [J]. 海洋环境科学（6）：588-591.

韦慕兰，肖双燕，马沙，等，2018. 黄颡鱼源嗜水气单胞菌对氟苯尼考的耐药性及其消失速率研究［J］. 广西畜牧兽医，34（3）：119-121.

吴小梅，林茂，鄢庆枇，等，2015. 美洲鳗鲡及其养殖水体分离耐药菌的多样性和耐药性分析［J］. 水产学报，39（7）：1044-1053.

吴雅丽，邓玉婷，姜兰，等，2013. 广东省水产动物源气单胞菌对抗菌药物的耐药分析［J］. 上海海洋大学学报，22（2）：219-224.

肖丹，曹海鹏，胡鲲，等，2011. 淡水养殖动物致病性嗜水气单胞菌 ERIC-PCR 分型与耐药性［J］. 中国水产科学，18（5）：1092-1099.

写腊月，胡琳琳，房文红，等，2011. 海水养殖源弧菌耐药性调查与分析［J］. 海洋渔业，33（4）：442-446.

薛慧娟，邓玉婷，姜兰，等，2012. 水产动物源嗜水气单胞菌药物敏感性及 QRDR 基因突变分析［J］. 广东农业科学，39（23）：149-153.

阎斌伦，秦国民，暴增海，等，2009. 鱼类 3 种病原气单胞菌耐药状况分析及主要毒力因子检测［J］. 淮海工学院学报（2）：81-85.

杨先乐，2005. 新编渔药手册［M］. 北京：中国农业出版社.

杨先乐，胡鲲，2017. 渔药安全使用风险评估及其控制技术［M］. 北京：海洋出版社.

姚小娟，王元，赵姝，等，2015. 三氯异氰脲酸和苯扎溴铵对海水养殖源弧菌的抑菌和杀菌效果［J］. 南方水产科学，11（1）：34-38.

张明辉，肖雨，张海强，等，2016. 上海地区 9 株鱼源病原菌的耐药性监测与分析［J］. 水产科技情报（1）：4-9.

张瑜斌，章虹，柯盛，等，2007. 不同养殖模式虾池弧菌对抗菌药物的耐药性与虾池水质评价［J］. 广东海洋大学学报（1）：42-47.

张卓然，夏梦岩，倪语星，2007. 微生物耐药性的基础与临床［M］. 北京：人民卫生出版社.

中国兽医协会，2017. 2017 年执业兽医资格考试应试指南（水生动物类）［M］. 北京：中国农业出版社.

周维，汤菊芬，甘桢，等，2015. 溶藻弧菌耐药基因 qnr 的克隆及生物信息学分析［J］. 生物技术，25（5）：414-419.

周维，汤菊芬，高增鸿，等，2016. 哈维氏弧菌 qnr 基因的克隆及原核表达条件优化［J］. 广东海洋大学学报，36（1）：93-97.

朱芝秀，何后军，邓舜洲，等，2012. 嗜水气单胞菌江西地区分离株耐药性及耐药质粒分析［J］. 江西农业大学学报，34（6）：1262-1268.

Feng J Z, Kun H, Zong Y, et al., 2017. Transcriptome differences between enrofloxacin-resistant and enrofloxacin-susceptible strains of *Aeromonas hydrophila* [J]. PLoS One, 12 (7): e0179549.

Li S W, Wang D, Liu H B, et al. , 2013. Isolation of *Yersinia ruckeri* strain H01 from farm raised Amur sturgeon, *Acipenser schrenckii* in China [J]. Journal of Aquatic Animal Health, 25 (1): 9-14.

Mao L, Liang J, Xian Z, et al. , 2015. Genetic diversity of three classes of integrons in antibiotic-resistant bacteria isolated from Jiulong River in southern China [J]. Environmental Science & Pollution Research, 22 (15): 1-10.

Mao L, Xiao M W, Qing P Y, et al. , 2016. Incidence of antimicrobial-resistance genes and integrons in antibiotic resistance bacteria isolated from eels and farming water [J]. Disease of Aquatic Organisms, 120 (2): 115-123.

Yu T D, Ya L W, Ai P T, et al. , 2014. Analysis of antimicrobial resistance genes in *Aeromonas* spp. isolated from cultured freshwater animals in China [J]. Microb. Drug Resist. , 20 (4): 350-356.

# 附录1　主要名词与术语

**渔药**（fisheries drug）指专用于渔业方面，有助于水生动植物机体健康成长的药物。其范围限定于增养殖渔业，而不包括捕捞渔业和渔产品加工业方面所使用的物质。

**制剂**（preparation）是指某一药物制成的个别制品，通常是根据药典、药品标准、处方手册等所收载的比较普遍应用并较稳定的处方制成的具有一定规格的药物制品。

**剂型**（formulation）通常是指药物根据预防和治疗的需要经过加工制成适合于使用、保存和运输的一种制品形式，或是指药物制剂的类别，例如片剂、散剂、注射剂等。

**无作用剂量**（no-observed-adversed-effect-level，NOAEL）是未观察到不良作用的剂量，指在一定染毒时期内对机体未产生可觉察的有害作用的最高剂量。

**日许量**（acceptable daily intake，ADI）是人体每日允许摄入量的简称，指人终生每日摄入某种药物或化学物质残留而不引起可觉察危害的最高量，计算公式为 ADI＝NOAEL（试验动物）/安全系数。

**半数有效量**（half effective dose，$ED_{50}$），即比最小有效量高并对机体产生明显效应，但不引起毒性反应的量，其中对 50％ 个体的有效量称为半数有效量。

**对因治疗**（etiological treatment）又称治本，用药目的在于消除原发性致病因子，彻底治愈疾病，如用某些抗菌渔药治疗细菌所引起的感染等。

**对症治疗**（symptomatic treatment）也叫治标，用药的目的在于缓解疾病的症状，尤其在病因未明或症状严重的情况下，为了减少水生动物死亡，对症治疗往往比对因治疗更为重要。在水生动物疾病防治上，通常采用对因、对症兼顾的综合治疗方法。

**间接作用**（indirect action）也称继发性作用（secondary action），指渔药通过神经或体液的联系后才发生作用的，如亚甲基蓝的解救氰化物、亚硝酸盐等中毒的作用以及缓和服用磺胺类渔药等引起的高铁血红蛋白症的作用等。

**协同**（synergism）又称增效，是指将两种或两种以上药物联合应用所显示的效应明显超过它们之和，可以表示为：A（1）＋B（2）＋…B（N）$\supseteq$N。

**治疗指数**（therapeutic index）指半数致死量（$LD_{50}$）和半数有效量（$ED_{50}$）的比值（即 $LD_{50}/ED_{50}$）。

**休药期**（withdrawal time，WDT）也称停药期，是指从停止给药到允许动物宰杀或其产品上市的最短间隔时间。也可理解为从停止给药到保证所有食用组织中药物总残留浓度降至安全浓度以下所需的最短时间。

**耐受性**（tolerance）是连续用药后产生的渔药反应性降低，需要加大渔药剂量才能达到原来在较小剂量时即可获得的药理作用的现象，耐受性是反复用药、后天形成的，而停药一段时间会消失。

**耐药性**（resistance）是指微生物、寄生虫等病原生物多次或长期与渔药接触后，它们对渔药的敏感性会逐渐降低甚至消失，对渔药产生一种习惯性的耐受，致使渔药对它们不能产生抑制或杀灭作用的现象。它具有先天性，不会因停药而恢复对渔药的敏感性。

**急性毒性试验**（acute toxicity test）指在一日内单次或者多次对实验动物给予药物后，在 7d 内连续观察实验动物所产生的毒性反应及死亡情况的毒力学试验。

**配伍禁忌**（incompatibility）指对存在颉颃作用或配伍后会产生更大毒性作用的渔药，不允许配伍使用的一种规则。

**渔药残留**（fisheries drug residue）指水产品的任何食用部分中渔药的原型化合物或（和）其代谢产物，并包括与药物本体有关杂质在其组织、器官等蓄积、贮存或以其他方式保留的现象。

**最高残留限量**（Maximum Residue Limits，MRLs）指药物或其他化学物质在食品中允许残留的最高量，也称为允许残留量（tolerance level）。

**痕量**（trace amount）是指在微量分析中，被测组分中百含量小于0.01％的量。

**抗菌谱**（antibacterial spectrum）指抗菌药物抑制或杀灭病原微生物的范围。

**抗菌活性**（antibiotic activity）是指药物抑制或杀灭微生物的能力。

**最小抑菌浓度**（minimum inhibitory concentration，MIC）是指某种药物能够抑制细菌在培养基里生长的最低浓度。

**最低杀菌浓度**（minimal bactericidal concentration，MBC）指能够杀灭培养基内细菌的最低浓度。

**抗生素**（antibiotics）指细菌、真菌等微生物的代谢产物，能杀灭或抑制病原微生物。

**交叉耐药**（cross resistance）即耐药菌对一种抗生素耐药，同时也会对其他相同或不同种类的抗生素耐药。

**维生素**（vitamine）是动物机体维持正常代谢和机能所必需的一类低分子有机化合物，大多数维生素是某些酶的辅酶（或辅基）的组成部分，在动物体内参与新陈代谢。与动物生长时构成身体物质和贮存物质的营养素不同，维生素在体内起着催化作用，它们促进主要营养素的合成与降解，从而控制机体代谢。如果缺乏维生素，会造成动物生长障碍，影响其生长，产生各种缺乏症，甚至死亡。

**氨基酸**（amino acid）是组成蛋白质的最基本的结构单位。按动物的营养需求，氨基酸通常分为必需氨基酸（essential amino acid）和非必需氨基酸（nonessential amino acid）两大类。

**微生态制剂**（probiotics）是指采用已知的有益微生物，经培养、复壮、发酵、包埋、干燥等特殊工艺制成的对人和动物有益的生物制剂或活菌制剂，有的还含有它们的代谢产物或（和）添加有益菌的生长促进因子。它们具有维持宿主的微生态平衡、调整其微生态失调和提高其健康水平的功能。

**微囊剂**（microcapsule）是利用天然的或合成的高分子材料将固体或液体药物包裹而成的微型胶囊。

# 附录 2  兽药管理条例

## 第一章  总  则

**第一条**  为了加强兽药管理，保证兽药质量，防治动物疾病，促进养殖业的发展，维护人体健康，制定本条例。

**第二条**  在中华人民共和国境内从事兽药的研制、生产、经营、进出口、使用和监督管理，应当遵守本条例。

**第三条**  国务院兽医行政管理部门负责全国的兽药监督管理工作。

县级以上地方人民政府兽医行政管理部门负责本行政区域内的兽药监督管理工作。

**第四条**  国家实行兽用处方药和非处方药分类管理制度。兽用处方药和非处方药分类管理的办法和具体实施步骤，由国务院兽医行政管理部门规定。

**第五条**  国家实行兽药储备制度。

发生重大动物疫情、灾情或者其他突发事件时，国务院兽医行政管理部门可以紧急调用国家储备的兽药；必要时，也可以调用国家储备以外的兽药。

## 第二章  新兽药研制

**第六条**  国家鼓励研制新兽药，依法保护研制者的合法权益。

**第七条**  研制新兽药，应当具有与研制相适应的场所、仪器设备、专业技术人员、安全管理规范和措施。

研制新兽药，应当进行安全性评价。从事兽药安全性评价的单位，应当经国务院兽医行政管理部门认定，并遵守兽药非临床研究质量管理规范和兽药临床试验质量管理规范。

第八条 研制新兽药，应当在临床试验前向省、自治区、直辖市人民政府兽医行政管理部门提出申请，并附具该新兽药实验室阶段安全性评价报告及其他临床前研究资料；省、自治区、直辖市人民政府兽医行政管理部门应当自收到申请之日起 60 个工作日内将审查结果书面通知申请人。

研制的新兽药属于生物制品的，应当在临床试验前向国务院兽医行政管理部门提出申请，国务院兽医行政管理部门应当自收到申请之日起 60 个工作日内将审查结果书面通知申请人。

研制新兽药需要使用一类病原微生物的，还应当具备国务院兽医行政管理部门规定的条件，并在实验室阶段前报国务院兽医行政管理部门批准。

第九条 临床试验完成后，新兽药研制者向国务院兽医行政管理部门提出新兽药注册申请时，应当提交该新兽药的样品和下列资料：

（一）名称、主要成分、理化性质；

（二）研制方法、生产工艺、质量标准和检测方法；

（三）药理和毒理试验结果、临床试验报告和稳定性试验报告；

（四）环境影响报告和污染防治措施。

研制的新兽药属于生物制品的，还应当提供菌（毒、虫）种、细胞等有关材料和资料。菌（毒、虫）种、细胞由国务院兽医行政管理部门指定的机构保藏。

研制用于食用动物的新兽药，还应当按照国务院兽医行政管理部门的规定进行兽药残留试验并提供休药期、最高残留限量标准、残留检测方法及其制定依据等资料。

国务院兽医行政管理部门应当自收到申请之日起 10 个工作日内，将决定受理的新兽药资料送其设立的兽药评审机构进行评审，将新兽药样品送其指定的检验机构复核检验，并自收到评审和复核检验结论之日起 60 个工作日内完成审查。审查合格的，发给新兽药注册证书，并发布该兽药的质量标准；不合格的，应当书面通知申请人。

第十条 国家对依法获得注册的、含有新化合物的兽药的申请人提交的其自己所取得且未披露的试验数据和其他数据实施保护。

自注册之日起6年内，对其他申请人未经已获得注册兽药的申请人同意，使用前款规定的数据申请兽药注册的，兽药注册机关不予注册；但是，其他申请人提交其自己所取得的数据的除外。

除下列情况外，兽药注册机关不得披露本条第一款规定的数据：

（一）公共利益需要；

（二）已采取措施确保该类信息不会被不正当地进行商业使用。

## 第三章 兽药生产

第十一条 设立兽药生产企业，应当符合国家兽药行业发展规划和产业政策，并具备下列条件：

（一）与所生产的兽药相适应的兽医学、药学或者相关专业的技术人员；

（二）与所生产的兽药相适应的厂房、设施；

（三）与所生产的兽药相适应的兽药质量管理和质量检验的机构、人员、仪器设备；

（四）符合安全、卫生要求的生产环境；

（五）兽药生产质量管理规范规定的其他生产条件。

符合前款规定条件的，申请人方可向省、自治区、直辖市人民政府兽医行政管理部门提出申请，并附具符合前款规定条件的证明材料；省、自治区、直辖市人民政府兽医行政管理部门应当自收到申请之日起20个工作日内，将审核意见和有关材料报送国务院兽医行政管理部门。

国务院兽医行政管理部门，应当自收到审核意见和有关材料之日起40个工作日内完成审查。经审查合格的，发给兽药生产许可证；不合格的，应当书面通知申请人。申请人凭兽药生产许可证办理工商登记手续。

第十二条　兽药生产许可证应当载明生产范围、生产地点、有效期和法定代表人姓名、住址等事项。

兽药生产许可证有效期为5年。有效期届满，需要继续生产兽药的，应当在许可证有效期届满前6个月到原发证机关申请换发兽药生产许可证。

第十三条　兽药生产企业变更生产范围、生产地点的，应当依照本条例第十一条的规定申请换发兽药生产许可证，申请人凭换发的兽药生产许可证办理工商变更登记手续；变更企业名称、法定代表人的，应当在办理工商变更登记手续后15个工作日内，到原发证机关申请换发兽药生产许可证。

第十四条　兽药生产企业应当按照国务院兽医行政管理部门制定的兽药生产质量管理规范组织生产。

国务院兽医行政管理部门，应当对兽药生产企业是否符合兽药生产质量管理规范的要求进行监督检查，并公布检查结果。

第十五条　兽药生产企业生产兽药，应当取得国务院兽医行政管理部门核发的产品批准文号，产品批准文号的有效期为5年。兽药产品批准文号的核发办法由国务院兽医行政管理部门制定。

第十六条　兽药生产企业应当按照兽药国家标准和国务院兽医行政管理部门批准的生产工艺进行生产。兽药生产企业改变影响兽药质量的生产工艺的，应当报原批准部门审核批准。

兽药生产企业应当建立生产记录，生产记录应当完整、准确。

第十七条　生产兽药所需的原料、辅料，应当符合国家标准或者所生产兽药的质量要求。

直接接触兽药的包装材料和容器应当符合药用要求。

第十八条　兽药出厂前应当经过质量检验，不符合质量标准的不得出厂。

兽药出厂应当附有产品质量合格证。

禁止生产假、劣兽药。

第十九条　兽药生产企业生产的每批兽用生物制品，在出厂前应当由国务院兽医行政管理部门指定的检验机构审查核对，并在必要时进行抽查检验；未经审查核对或者抽查检验不合格的，不得销售。强制免疫所需兽用生物制品，由国务院兽医行政管理部门指定的企业生产。

第二十条 兽药包装应当按照规定印有或者贴有标签，附具说明书，并在显著位置注明"兽用"字样。

兽药的标签和说明书经国务院兽医行政管理部门批准并公布后，方可使用。

兽药的标签或者说明书，应当以中文注明兽药的通用名称、成分及其含量、规格、生产企业、产品批准文号（进口兽药注册证号）、产品批号、生产日期、有效期、适应证或者功能主治、用法、用量、休药期、禁忌、不良反应、注意事项、运输贮存保管条件及其他应当说明的内容。有商品名称的，还应当注明商品名称。

除前款规定的内容外，兽用处方药的标签或者说明书还应当印有国务院兽医行政管理部门规定的警示内容，其中兽用麻醉药品、精神药品、毒性药品和放射性药品还应当印有国务院兽医行政管理部门规定的特殊标志；兽用非处方药的标签或者说明书还应当印有国务院兽医行政管理部门规定的非处方药标志。

第二十一条 国务院兽医行政管理部门，根据保证动物产品质量安全和人体健康的需要，可以对新兽药设立不超过 5 年的监测期；在监测期内，不得批准其他企业生产或者进口该新兽药。生产企业应当在监测期内收集该新兽药的疗效、不良反应等资料，并及时报送国务院兽医行政管理部门。

## 第四章 兽药经营

第二十二条 经营兽药的企业，应当具备下列条件：

（一）与所经营的兽药相适应的兽药技术人员；

（二）与所经营的兽药相适应的营业场所、设备、仓库设施；

（三）与所经营的兽药相适应的质量管理机构或者人员；

（四）兽药经营质量管理规范规定的其他经营条件。

符合前款规定条件的，申请人方可向市、县人民政府兽医行政管理部门提出申请，并附具符合前款规定条件的证明材料；经营兽用生物制品的，应当向省、自治区、直辖市人民政府兽医行政管理部门提出申请，并附具符合前款规定条件的证明材料。

县级以上地方人民政府兽医行政管理部门，应当自收到申请之日起 30 个工作日内完成审查。审查合格的，发给兽药经营许可证；不合格的，应当书面通知申请人。申请人凭兽药经营许可证办理工商登记手续。

第二十三条 兽药经营许可证应当载明经营范围、经营地点、有效期和法定代表人姓名、住址等事项。

兽药经营许可证有效期为 5 年。有效期届满，需要继续经营兽药的，应当在许可证有效期届满前 6 个月到原发证机关申请换发兽药经营许可证。

第二十四条 兽药经营企业变更经营范围、经营地点的，应当依照本条例第二十二条的规定申请换发兽药经营许可证，申请人凭换发的兽药经营许可证办理工商变更登记手续；变更企业名称、法定代表人的，应当在办理工商变更登记手续后 15 个工作日内，到原发证机关申请换发兽药经营许可证。

第二十五条 兽药经营企业，应当遵守国务院兽医行政管理部门制定的兽药经营质量管理规范。

县级以上地方人民政府兽医行政管理部门，应当对兽药经营企业是否符合兽药经营质量管理规范的要求进行监督检查，并公布检查结果。

第二十六条 兽药经营企业购进兽药，应当将兽药产品与产品标签或者说明书、产品质量合格证核对无误。

第二十七条 兽药经营企业，应当向购买者说明兽药的功能主治、用法、用量和注意事项。销售兽用处方药的，应当遵守兽用处方药管理办法。

兽药经营企业销售兽用中药材的，应当注明产地。

禁止兽药经营企业经营人用药品和假、劣兽药。

第二十八条 兽药经营企业购销兽药，应当建立购销记录。购销记录应当载明兽药的商品名称、通用名称、剂型、规格、批号、有效期、生产厂商、购销单位、购销数量、购销日期和国务院兽医行政管理部门规定的其他事项。

第二十九条　兽药经营企业，应当建立兽药保管制度，采取必要的冷藏、防冻、防潮、防虫、防鼠等措施，保持所经营兽药的质量。兽药入库、出库，应当执行检查验收制度，并有准确记录。

第三十条　强制免疫所需兽用生物制品的经营，应当符合国务院兽医行政管理部门的规定。

第三十一条　兽药广告的内容应当与兽药说明书内容相一致，在全国重点媒体发布兽药广告的，应当经国务院兽医行政管理部门审查批准，取得兽药广告审查批准文号。在地方媒体发布兽药广告的，应当经省、自治区、直辖市人民政府兽医行政管理部门审查批准，取得兽药广告审查批准文号；未经批准的，不得发布。

## 第五章　兽药进出口

第三十二条　首次向中国出口的兽药，由出口方驻中国境内的办事机构或者其委托的中国境内代理机构向国务院兽医行政管理部门申请注册，并提交下列资料和物品：

（一）生产企业所在国家（地区）兽药管理部门批准生产、销售的证明文件；

（二）生产企业所在国家（地区）兽药管理部门颁发的符合兽药生产质量管理规范的证明文件；

（三）兽药的制造方法、生产工艺、质量标准、检测方法、药理和毒理试验结果、临床试验报告、稳定性试验报告及其他相关资料；用于食用动物的兽药的休药期、最高残留限量标准、残留检测方法及其制定依据等资料；

（四）兽药的标签和说明书样本；

（五）兽药的样品、对照品、标准品；

（六）环境影响报告和污染防治措施；

（七）涉及兽药安全性的其他资料。

申请向中国出口兽用生物制品的，还应当提供菌（毒、虫）种、细胞等有关材料和资料。

第三十三条　国务院兽医行政管理部门，应当自收到申请之日起 10 个工作日内组织初步审查。经初步审查合格的，应当将决定受理的兽药资料送其设立的兽药评审机构进行评审，将该兽药样品送其指定的检验机构复核检验，并自收到评审和复核检验结论之日起 60 个工作日内完成审查。经审查合格的，发给进口兽药注册证书，并发布该兽药的质量标准；不合格的，应当书面通知申请人。

在审查过程中，国务院兽医行政管理部门可以对向中国出口兽药的企业是否符合兽药生产质量管理规范的要求进行考查，并有权要求该企业在国务院兽医行政管理部门指定的机构进行该兽药的安全性和有效性试验。

国内急需兽药、少量科研用兽药或者注册兽药的样品、对照品、标准品的进口，按照国务院兽医行政管理部门的规定办理。

第三十四条　进口兽药注册证书的有效期为 5 年。有效期届满，需要继续向中国出口兽药的，应当在有效期届满前 6 个月到原发证机关申请再注册。

第三十五条　境外企业不得在中国直接销售兽药。境外企业在中国销售兽药，应当依法在中国境内设立销售机构或者委托符合条件的中国境内代理机构。

进口在中国已取得进口兽药注册证书的兽用生物制品的，中国境内代理机构应当向国务院兽医行政管理部门申请允许进口兽用生物制品证明文件，凭允许进口兽用生物制品证明文件到口岸所在地人民政府兽医行政管理部门办理进口兽药通关单；进口在中国已取得进口兽药注册证书的其他兽药的，凭进口兽药注册证书到口岸所在地人民政府兽医行政管理部门办理进口兽药通关单。海关凭进口兽药通关单放行。兽药进口管理办法由国务院兽医行政管理部门会同海关总署制定。

兽用生物制品进口后，应当依照本条例第十九条的规定进行审查核对和抽查检验。其他兽药进口后，由当地兽医行政管理部门通知兽药检验机构进行抽查检验。

第三十六条 禁止进口下列兽药：

（一）药效不确定、不良反应大以及可能对养殖业、人体健康造成危害或者存在潜在风险的；

（二）来自疫区可能造成疫病在中国境内传播的兽用生物制品；

（三）经考查生产条件不符合规定的；

（四）国务院兽医行政管理部门禁止生产、经营和使用的。

第三十七条 向中国境外出口兽药，进口方要求提供兽药出口证明文件的，国务院兽医行政管理部门或者企业所在地的省、自治区、直辖市人民政府兽医行政管理部门可以出具出口兽药证明文件。国内防疫急需的疫苗，国务院兽医行政管理部门可以限制或者禁止出口。

## 第六章 兽药使用

第三十八条 兽药使用单位，应当遵守国务院兽医行政管理部门制定的兽药安全使用规定，并建立用药记录。

第三十九条 禁止使用假、劣兽药以及国务院兽医行政管理部门规定禁止使用的药品和其他化合物。禁止使用的药品和其他化合物目录由国务院兽医行政管理部门制定公布。

第四十条 有休药期规定的兽药用于食用动物时，饲养者应当向购买者或者屠宰者提供准确、真实的用药记录；购买者或者屠宰者应当确保动物及其产品在用药期、休药期内不被用于食品消费。

第四十一条 国务院兽医行政管理部门，负责制定公布在饲料中允许添加的药物饲料添加剂品种目录。

禁止在饲料和动物饮用水中添加激素类药品和国务院兽医行政管理部门规定的其他禁用药品。

经批准可以在饲料中添加的兽药，应当由兽药生产企业制成药物饲料添加剂后方可添加。禁止将原料药直接添加到饲料及动物饮用水中或者直接饲喂动物。

禁止将人用药品用于动物。

第四十二条 国务院兽医行政管理部门，应当制定并组织实施国家动物及动物产品兽药残留监控计划。

县级以上人民政府兽医行政管理部门，负责组织对动物产品中兽药残留量的检测。兽药残留检测结果，由国务院兽医行政管理部门或者省、自治区、直辖市人民政府兽医行政管理部门按照权限予以公布。动物产品的生产者、销售者对检测结果有异议的，可以自收到检测结果之日起7个工作日内向组织实施兽药残留检测的兽医行政管理部门或者其上级兽医行政管理部门提出申请，由受理申请的兽医行政管理部门指定检验机构进行复检。

兽药残留限量标准和残留检测方法，由国务院兽医行政管理部门制定发布。

第四十三条 禁止销售含有违禁药物或者兽药残留量超过标准的食用动物产品。

## 第七章 兽药监督管理

第四十四条 县级以上人民政府兽医行政管理部门行使兽药监督管理权。

兽药检验工作由国务院兽医行政管理部门和省、自治区、直辖市人民政府兽医行政管理部门设立的兽药检验机构承担。国务院兽医行政管理部门，可以根据需要认定其他检验机构承担兽药检验工作。当事人对兽药检验结果有异议的，可以自收到检验结果之日起7个工作日内向实施检验的机构或者上级兽医行政管理部门设立的检验机构申请复检。

第四十五条 兽药应当符合兽药国家标准。

国家兽药典委员会拟定的、国务院兽医行政管理部门发布的《中华人民共和国兽药典》和国务院兽医行政管理部门发布的其他兽药质量标准为兽药国家标准。

兽药国家标准的标准品和对照品的标定工作由国务院兽医行政管理部门设立的兽药检验机构负责。

第四十六条 兽医行政管理部门依法进行监督检查时，对有证据证明可能是假、劣兽药的，应当采取查封、扣押的行政强制措施，并自采取行政强制措施之日起 7 个工作日内作出是否立案的决定；需要检验的，应当自检验报告书发出之日起 15 个工作日内作出是否立案的决定；不符合立案条件的，应当解除行政强制措施；需要暂停生产、经营和使用的，由国务院兽医行政管理部门或者省、自治区、直辖市人民政府兽医行政管理部门按照权限作出决定。

未经行政强制措施决定机关或者其上级机关批准，不得擅自转移、使用、销毁、销售被查封或者扣押的兽药及有关材料。

第四十七条　有下列情形之一的，为假兽药：

（一）以非兽药冒充兽药或者以他种兽药冒充此种兽药的；

（二）兽药所含成分的种类、名称与兽药国家标准不符合的。

有下列情形之一的，按照假兽药处理：

（一）国务院兽医行政管理部门规定禁止使用的；

（二）依照本条例规定应当经审查批准而未经审查批准即生产、进口的，或者依照本条例规定应当经抽查检验、审查核对而未经抽查检验、审查核对即销售、进口的；

（三）变质的；

（四）被污染的；

（五）所标明的适应证或者功能主治超出规定范围的。

第四十八条　有下列情形之一的，为劣兽药：

（一）成分含量不符合兽药国家标准或者不标明有效成分的；

（二）不标明或者更改有效期或者超过有效期的；

（三）不标明或者更改产品批号的；

（四）其他不符合兽药国家标准，但不属于假兽药的。

第四十九条　禁止将兽用原料药拆零销售或者销售给兽药生产企业以外的单位和个人。

禁止未经兽医开具处方销售、购买、使用国务院兽医行政管理部门规定实行处方药管理的兽药。

第五十条　国家实行兽药不良反应报告制度。

兽药生产企业、经营企业、兽药使用单位和开具处方的兽医人员发现可能与兽药使用有关的严重不良反应，应当立即向所在地人民政府兽医行政管理部门报告。

第五十一条　兽药生产企业、经营企业停止生产、经营超过6个月或者关闭的，由原发证机关责令其交回兽药生产许可证、兽药经营许可证，并由工商行政管理部门变更或者注销其工商登记。

第五十二条　禁止买卖、出租、出借兽药生产许可证、兽药经营许可证和兽药批准证明文件。

第五十三条　兽药评审检验的收费项目和标准，由国务院财政部门会同国务院价格主管部门制定，并予以公告。

第五十四条　各级兽医行政管理部门、兽药检验机构及其工作人员，不得参与兽药生产、经营活动，不得以其名义推荐或者监制、监销兽药。

## 第八章　法律责任

第五十五条　兽医行政管理部门及其工作人员利用职务上的便利收取他人财物或者谋取其他利益，对不符合法定条件的单位和个人核发许可证、签署审查同意意见，不履行监督职责，或者发现违法行为不予查处，造成严重后果，构成犯罪的，依法追究刑事责任；尚不构成犯罪的，依法给予行政处分。

第五十六条　违反本条例规定，无兽药生产许可证、兽药经营许可证生产、经营兽药的，或者虽有兽药生产许可证、兽药经营许可证，生产、经营假、劣兽药的，或者兽药经营企业经营人用药品的，责令其停止生产、经营，没收用于违法生产的原料、辅料、包装材料及生产、经营的兽药和违法所得，并处违法生产、经营的兽药（包括已出售的和未出售的兽药，下同）货值金额2倍以上5倍以下罚款，货值金额无法查证核实的，处10万元以上20万元以下罚款；无兽药生产许可证生产兽药，情节严重的，没收其生产设备；生产、经营假、劣兽药，情节严重的，吊销兽药生产许可证、兽药经营许可证；构成犯罪的，依法追究刑事责任；给他人造成损失的，依法承担赔偿责任。生产、经营企业的主要负责人和直接负责的主管人员终身不得从事兽药的生产、经营活动。

擅自生产强制免疫所需兽用生物制品的，按照无兽药生产许可证生产兽药处罚。

第五十七条 违反本条例规定，提供虚假的资料、样品或者采取其他欺骗手段取得兽药生产许可证、兽药经营许可证或者兽药批准证明文件的，吊销兽药生产许可证、兽药经营许可证或者撤销兽药批准证明文件，并处5万元以上10万元以下罚款；给他人造成损失的，依法承担赔偿责任。其主要负责人和直接负责的主管人员终身不得从事兽药的生产、经营和进出口活动。

第五十八条 买卖、出租、出借兽药生产许可证、兽药经营许可证和兽药批准证明文件的，没收违法所得，并处1万元以上10万元以下罚款；情节严重的，吊销兽药生产许可证、兽药经营许可证或者撤销兽药批准证明文件；构成犯罪的，依法追究刑事责任；给他人造成损失的，依法承担赔偿责任。

第五十九条 违反本条例规定，兽药安全性评价单位、临床试验单位、生产和经营企业未按照规定实施兽药研究试验、生产、经营质量管理规范的，给予警告，责令其限期改正；逾期不改正的，责令停止兽药研究试验、生产、经营活动，并处5万元以下罚款；情节严重的，吊销兽药生产许可证、兽药经营许可证；给他人造成损失的，依法承担赔偿责任。

违反本条例规定，研制新兽药不具备规定的条件擅自使用一类病原微生物或者在实验室阶段前未经批准的，责令其停止实验，并处5万元以上10万元以下罚款；构成犯罪的，依法追究刑事责任；给他人造成损失的，依法承担赔偿责任。

第六十条 违反本条例规定，兽药的标签和说明书未经批准的，责令其限期改正；逾期不改正的，按照生产、经营假兽药处罚；有兽药产品批准文号的，撤销兽药产品批准文号；给他人造成损失的，依法承担赔偿责任。

兽药包装上未附有标签和说明书，或者标签和说明书与批准的内容不一致的，责令其限期改正；情节严重的，依照前款规定处罚。

第六十一条 违反本条例规定，境外企业在中国直接销售兽药的，责令其限期改正，没收直接销售的兽药和违法所得，并处5万元以上10万元以下罚款；情节严重的，吊销进口兽药注册证书；给他人造成损失的，依法承担赔偿责任。

第六十二条 违反本条例规定，未按照国家有关兽药安全使用规定使用兽药的、未建立用药记录或者记录不完整真实的，或者使用禁止使用的药品和其他化合物的，或者将人用药品用于动物的，责令其立即改正，并对饲喂了违禁药物及其他化合物的动物及其产品进行无害化处理；对违法单位处1万元以上5万元以下罚款；给他人造成损失的，依法承担赔偿责任。

第六十三条 违反本条例规定，销售尚在用药期、休药期内的动物及其产品用于食品消费的，或者销售含有违禁药物和兽药残留超标的动物产品用于食品消费的，责令其对含有违禁药物和兽药残留超标的动物产品进行无害化处理，没收违法所得，并处3万元以上10万元以下罚款；构成犯罪的，依法追究刑事责任；给他人造成损失的，依法承担赔偿责任。

第六十四条 违反本条例规定，擅自转移、使用、销毁、销售被查封或者扣押的兽药及有关材料的，责令其停止违法行为，给予警告，并处5万元以上10万元以下罚款。

第六十五条 违反本条例规定，兽药生产企业、经营企业、兽药使用单位和开具处方的兽医人员发现可能与兽药使用有关的严重不良反应，不向所在地人民政府兽医行政管理部门报告的，给予警告，并处5 000元以上1万元以下罚款。

生产企业在新兽药监测期内不收集或者不及时报送该新兽药的疗效、不良反应等资料的，责令其限期改正，并处1万元以上5万元以下罚款；情节严重的，撤销该新兽药的产品批准文号。

第六十六条 违反本条例规定，未经兽医开具处方销售、购买、使用兽用处方药的，责令其限期改正，没收违法所得，并处5

万元以下罚款；给他人造成损失的，依法承担赔偿责任。

第六十七条　违反本条例规定，兽药生产、经营企业把原料药销售给兽药生产企业以外的单位和个人的，或者兽药经营企业拆零销售原料药的，责令其立即改正，给予警告，没收违法所得，并处2万元以上5万元以下罚款；情节严重的，吊销兽药生产许可证、兽药经营许可证；给他人造成损失的，依法承担赔偿责任。

第六十八条　违反本条例规定，在饲料和动物饮用水中添加激素类药品和国务院兽医行政管理部门规定的其他禁用药品，依照《饲料和饲料添加剂管理条例》的有关规定处罚；直接将原料药添加到饲料及动物饮用水中，或者饲喂动物的，责令其立即改正，并处1万元以上3万元以下罚款；给他人造成损失的，依法承担赔偿责任。

第六十九条　有下列情形之一的，撤销兽药的产品批准文号或者吊销进口兽药注册证书：

（一）抽查检验连续2次不合格的；

（二）药效不确定、不良反应大以及可能对养殖业、人体健康造成危害或者存在潜在风险的；

（三）国务院兽医行政管理部门禁止生产、经营和使用的兽药。被撤销产品批准文号或者被吊销进口兽药注册证书的兽药，不得继续生产、进口、经营和使用。已经生产、进口的，由所在地兽医行政管理部门监督销毁，所需费用由违法行为人承担；给他人造成损失的，依法承担赔偿责任。

第七十条　本条例规定的行政处罚由县级以上人民政府兽医行政管理部门决定；其中吊销兽药生产许可证、兽药经营许可证、撤销兽药批准证明文件或者责令停止兽药研究试验的，由原发证、批准部门决定。

上级兽医行政管理部门对下级兽医行政管理部门违反本条例的行政行为，应当责令限期改正；逾期不改正的，有权予以改变或者撤销。

第七十一条　本条例规定的货值金额以违法生产、经营兽药的标价计算；没有标价的，按照同类兽药的市场价格计算。

## 第九章 附　则

第七十二条　本条例下列用语的含义是：

（一）兽药，是指用于预防、治疗、诊断动物疾病或者有目的地调节动物生理机能的物质（含药物饲料添加剂），主要包括：血清制品、疫苗、诊断制品、微生态制品、中药材、中成药、化学药品、抗生素、生化药品、放射性药品及外用杀虫剂、消毒剂等。

（二）兽用处方药，是指凭兽医处方方可购买和使用的兽药。

（三）兽用非处方药，是指由国务院兽医行政管理部门公布的、不需要凭兽医处方就可以自行购买并按照说明书使用的兽药。

（四）兽药生产企业，是指专门生产兽药的企业和兼产兽药的企业，包括从事兽药分装的企业。

（五）兽药经营企业，是指经营兽药的专营企业或者兼营企业。

（六）新兽药，是指未曾在中国境内上市销售的兽用药品。

（七）兽药批准证明文件，是指兽药产品批准文号、进口兽药注册证书、允许进口兽用生物制品证明文件、出口兽药证明文件、新兽药注册证书等文件。

第七十三条　兽用麻醉药品、精神药品、毒性药品和放射性药品等特殊药品，依照国家有关规定管理。

第七十四条　水产养殖中的兽药使用、兽药残留检测和监督管理以及水产养殖过程中违法用药的行政处罚，由县级以上人民政府渔业主管部门及其所属的渔政监督管理机构负责。

第七十五条　本条例自 2004 年 11 月 1 日起施行。

# 附录 3　耐药性监测相关的网址

| 耐药性信息资源 | 网址 |
| --- | --- |
| 全国细菌耐药性监测网（MOH National Antimicrobial Resistant Investigation Net，Mohnarin）（北京大学临床药理研究所） | http：//www. bddyyy. com. cn/ksyl/yjs/lcyl/20091202/2738. shtml |
| 全国细菌耐药监测网（China antimicrobial resistance surveillance system，CARSS） | http：//www. carss. cn |
| 全国抗菌药物临床应用监测网（Center of antibacterial surveillance，CAS） | http：//y. chinadtc. org. cn/program/index. php |
| European Antimicrobial Resistance Surverillance Network（EARS-Net）欧洲疾病预防控制中心耐药监测系统（前 EARSS） | http：//www. ecdc. europa. eu/en/activities/surveillance/EARS-Net/Pages/index. aspx |
| Antibiotic Resistance Surveillance and Control in the Mediterranean Region（ARMed）（地中海地区抗生素耐药性监测和控制系统） | http：//www. slh. gov. mt/armd/defaultl. asp |
| Antimicrobial Resistance（世界卫生组织抗微生物药物耐药） | http：//www. who. int/topics/drug _ resistance/en/ |
| WHO Collaborating Centre for Surveillance of Antimicrobial Resistance（世界卫生组织抗微生物药物耐药性监测合作中心） | http：//www. whonet. org/DNN/ |
| Surveillance of Antimicrobial Resistance（世界卫生组织抗微生物药物耐药监测） | http：//www. who. int/drugresistance/surveillance/en/index. html |
| Antimicrobial Resistance-Surveillance 泛美卫生组织（世界卫生组织美洲地区）耐药监测 | http：//www. paho. org/english/hcp/hct/eer/antimicrob. htm |

（续）

| 耐药性信息资源 | 网址 |
|---|---|
| U. S. Department of Agriculture（USDA）- Bacterial Epidemiology and Antimicrobial Resistance（美国农业部细菌流行病学和抗微生物药物耐药） | http：//www. ars. usda. gov/Main/docs. html |
| U. S. Food and Drug Administration（FDA）- Antimicrobial Resistance（Center for Veterinary Medicine）（美国食品与药品监督管理局兽医中心抗微生物药物耐药） | http：//www. fda. gov/Animal Veterinary/SafetyHealth/Antimicrobial Resistance/default. htm |

**图书在版编目（CIP）数据**

水产养殖病原菌耐药性风险与防控/全国水产技术
推广总站编 . —北京：中国农业出版社，2021.1（2021.12 重印）
（水产养殖用药减量行动系列丛书）
ISBN 978-7-109-27298-9

Ⅰ．①水⋯ Ⅱ．①全⋯ Ⅲ．①水产动物－病原细菌－
抗药性－研究 Ⅳ．①S941.42

中国版本图书馆 CIP 数据核字（2020）第 172241 号

---

中国农业出版社出版
地址：北京市朝阳区麦子店街 18 号楼
邮编：100125
策划编辑：王金环
责任编辑：王金环
版式设计：杜　然　责任校对：赵　硕
印刷：中农印务有限公司
版次：2021 年 1 月第 1 版
印次：2021 年 12 月北京第 2 次印刷
发行：新华书店北京发行所
开本：880mm×1230mm　1/32
印张：4
字数：120 千字
定价：28.00 元

---